让头脑更聪明

——科学思维方法漫谈

（中篇） 一般思维方法

朱立峰◎编著

广东科技出版社 | 全国优秀出版社

·广州·

图书在版编目（CIP）数据

让头脑更聪明：科学思维方法漫谈．中篇 / 朱立峰编
著．—广州：广东科技出版社，2016.6（2020.7重印）
ISBN 978-7-5359-6515-8

Ⅰ．①让…　Ⅱ．①朱…　Ⅲ．①思维方法
Ⅳ．① B804

中国版本图书馆 CIP 数据核字（2016）第 092941 号

让头脑更聪明——科学思维方法漫谈（中篇）
Rang Tounao Gengcongming——Kexue Siwei Fangfa Mantan（Zhongpian）

出 版 人：朱文清
责任编辑：赵雅雅　曾燕璇　刘锦业
封面设计：柳国雄
责任校对：盘婉薇　冯思婧
责任印制：彭海波
出版发行：广东科技出版社
　　　　　（广州市环市东路水荫路 11 号　邮政编码：510075）
销售热线：020-37592148 / 37607413
http://www.gdstp.com.cn
E-mail: gdkjzbb@gdstp.com.cn（编务室）
经　　销：广东新华发行集团股份有限公司
印　　刷：佛山市浩文彩色印刷有限公司
　　　　　（佛山市南海区狮山科技工业园 A 区　邮政编码：528225）
规　　格：787mm×1 092mm　1/16　印张 15.25　字数 305 千
版　　次：2016 年 6 月第 1 版
　　　　　2020 年 7 月第 2 次印刷
定　　价：39.80 元

前言

　　地球上有生命的历史已超过 35 亿年，人类的出现仅 300 余万年，然而人类却成为地球生物的主宰。人为什么会有如此巨大的力量？那是因为"人是会思维的动物"。爱因斯坦曾说："人们解决世界的问题，靠的是大脑思维和智慧。"正是靠这大脑的思维和智慧，才使人类成为大自然的万物之灵，才创造了如此辉煌的人类文明。

　　今天，人类社会已经进入到一个以知识创新为重要特征的新经济时代，即所谓的知识经济时代。在这个时代，知识已经上升成为重要的生产要素，成为经济发展的基础和经济增长的驱动力。知识作为生产要素，首先需要掌握知识的人才。知识经济时代将由工业经济时代对物质资源的竞争（如矿产资源竞争和资本竞争）转向对人才资源的竞争，人才的竞争必然导致人力资源的大开发，而人力资源的大开发实际上就是人脑资源的开发。

　　在人的社会实践中，思维是一切智慧活动的核心，开发人脑资源，实质上就是

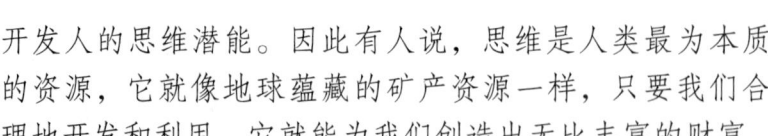

开发人的思维潜能。因此有人说，思维是人类最为本质的资源，它就像地球蕴藏的矿产资源一样，只要我们合理地开发和利用，它就能为我们创造出无比丰富的财富。

在人的一生中，从出生之日起就面临着各种矛盾和问题，要想求得生存和发展，就必须解决这些矛盾和问题；要想解决这些矛盾和问题，就需要我们开动脑筋进行思考，需要借助科学而有效的思维方法。心理学家马克斯韦尔·马尔茨曾说："所有的人都是为成功而降临到这个世界，但有的人成功了，有的人没有，那是因为每个人使用头脑的方法不同。"就因为使用头脑的方法不同，决定了每个人所走的人生道路不同。

《思维风暴》一书中记载了这样一个故事，它可能对我们有所启示，现简缩摘录于下：

两个乡下人怀揣致富的梦想外出打工，一个打算去上海，一个打算去北京，可是在候车厅等车的时候，又都改变了主意。因为他们听候车的人议论：上海人精明，外地人问路、带路都得收费；北京人质朴，没饭吃时还会有人送馒头、送旧衣服。打算去上海的人想，还是北京好，赚不到钱也饿不死，幸亏车还没到，不然真是掉进火坑了！打算去北京的人想，还是上海好，给人带路都可以挣钱，还有什么不能赚钱的呢？我幸好还没上车，不然就错失了挣钱的大好机会。于是他们在退票处相遇了，原来要去北京的得到了去上海的车票，去上海的得到了去北京的车票，他们分别去了各自想去的城市。两年后，去上海的打工者靠勤劳和智慧创办了一家小型清洗公司，已拥有150多名员工，业务也从南方拓展到北方。有一次他坐火车去北方出差，经停北京站，突然一个捡破烂的人在窗口向他讨要一个啤酒瓶，就在递瓶子的瞬间两人都愣住了：捡破烂的人正是两年前交换车票的那位打工者！

去上海的打工者想到的是什么都要钱，处处都能挣钱；去北京的打工者想到的是别人的恩惠和施舍，好混口饭吃。思路不同，做出的选择就不同，因而所得的结果也不相同，这就是人们常说的"思路决定出路"。同样，也就因为思路的不同，看问题的角度与方式不同，采用的思维方法当然也不会相同。

有人说，思维是一种"心灵视觉"。心灵视觉是一种设定梦想的能力，它会为我们的未来构建图景——我们想要的事业和前途、我们希望建立的人际关系、我们期望获得的收入和财富。如何利用我们的心灵视觉设定梦想，将决定着自己的成功（成就、影响、名誉）、财富（收入、资产、物质生活）以及幸福（尊重、欢乐、满足）。

那么，怎样才能获得成功、财富和幸福呢？这就需要大脑的智慧，需要我们学会思维，学会正确地思考和看待问题。而在思考问题的过程中，又必须掌握科学思维的方法。科学思维的方法从何而来？这就需要我们学习前人的经验和处事的方式方法。

本书从人类思维的宝库中挑选出20种最重要的思维方法，分成上、中、下3个篇章进行探讨。其中上篇包括了比较思维、分类思维、归纳思维、演绎思维、分析思维和综合思维6种抽象的"基础思维方法"；中篇包括了转换思维、再现思维、发散思维、收敛思维、形象思维、联想思维、系统思维和辩证思维8种普遍适用的"一

般思维方法"；下篇包括了观察思维、实验思维、假说思维、模型思维、直觉思维和创新思维6种"特殊思维方法"。这些方法既是最重要的思维方法，也是最基本的思维方式，几乎所有的人在日常生活、工作和学习中都可能用到它。

为了便于读者学习和理解各种思维方法，在每章的第一部分，均简要地介绍了本思维方法的基本内涵，篇幅虽然不大，但涵盖面却十分广阔——"居高临下，统揽全局"，它让读者首先对本思维法有一个概括性的认识和了解。而每章的后续各部分，则多以故事的形式，介绍了各种具体方法的应用，有许多都是科学家在创造发明过程中所运用的经典思维方法。因此，本书既是一本科普读物，同时也是一本思维方法教材，相信读者通过阅读，定会产生耳目一新、思路通达、豁然开朗的感觉。

思维方法是当今人们热议一个话题，但同时又是一个理论研究还很不成熟的学术领域，有许多问题尚待我们继续深入研究。由于笔者学识浅陋，时间仓促，资料的来源也受限制，书中疏漏之处定有不少，竭诚欢迎读者批评指正。

作者
2016年元旦

目录

中 篇
一般思维方法

　　一般思维方法是指日常生活和工作中通常会用到的思维方法，或者说是所有科学领域都可能运用的思维方法，故称其为"一般"。从分类学的观点看，这些思维方法并不在同一个并列的层面，也不遵从分类学的排他性原则，这里只是分篇探讨各思维方法的内涵和应用，不涉及思维的系统分类问题。

　　在本篇内容中，我们将对8种最常见、应用最普遍的思维方法进行探讨，并通过一些故事和案例，通俗地说明这些思维方法的具体运用。当你阅读这些精彩纷呈的故事和案例时，你不仅可以领略名人和科学家的思维弧光与智慧，而且可以让你在享受乐趣的同时驱动思维的高速运转，在消遣和娱乐中提高你的观察力、注意力、记忆力、判断力、推理力，提升你思维的敏捷性、深刻性、灵活性，提高你的想象力、创造力和解决实际问题的能力。

1 转换思维法

"斗转星移，花开花落"，自然界时时都在变；"山无常势，水无常形"，因时而变才可顺势而为。《周易》有云："变则通，通则久。"事物运行不通就要改变它，改变方可通达，通达才能保持长久。

👁 问题转换的思维法

转换思维又叫变通思维。什么是变通？《新华字典》给出的解释有二：①根据情况而变动；②不拘泥成规。所谓成规，就是一种思维定势，思维定势是指一个人用同一种思维方法解决若干问题以后，往往会习惯性地用同样的思维方法解决以后的问题。转换思维就是以惯常的思维解决问题遇到障碍时，可以把问题由一种形式转换成另一种形式，使问题变得更明晰，进而获得更简捷的解决问题的一种思维方法。

世间事物都有变动不居的本性，变则通，通则顺。许多时

候，只要变化一下思维的方式，问题解决起来也就顺畅了。

譬如在学科解题中，许多人习惯于记类型、记方法、套公式，于是就形成一种解题定势，这种思维定势在解决简单的问题中效果良好，但若遇到复杂问题和非常见问题时，可能就失效了。数学学习中有一种方法叫作等价代换法，就是将不易解决的甲问题等价转化为易解决的乙问题，再通过解决乙问题进而解决甲问题。这就是一种转换思维的方法。

《资治通鉴》的主编司马光，他小时候有一次和小伙伴们在后院里玩耍，一个小伙伴不小心掉到大水缸里，缸大水深，眼看那孩子快要没顶了，别的孩子都吓傻了，司马光急中生智，从地上捡起一块大石头使劲向水缸砸去，水缸破了，掉在水里的孩子得救了。

落水救人，应该是把人从水中捞出，使其脱离水中，司马光没有这个能力，于是司马光急中生智用石头砸破水缸，水流出来了，被救者也脱离水中，岂不达到了同样的效果？

转换思维应用十分广泛，人们在日常工作、学习和生活中，常常不经意间就可能运用到这种方法。因为要认识复杂多变的事物，就需要采用不同的思维方法，然而把握事物的发展和变化，就需要不断地变

转换思维

概念：转换问题形式的思维方法

作用：获得更简捷解决问题的途径

类型：
(1) 思维视角转换：改变思维的切入点
(2) 思维方向转换：改变思维的方向
(3) 思维依据转换：改变思维的理论依据
(4) 思维方式转换：改变思维的方式方法

案例：司马光砸缸的故事

什么是转换思维

换思维的方式。

变换思维方式，就是改变思维的视角、方向或思维的依据。通常说来，转换思维有以下 4 种形式：

(1) 思维视角转换：思维视角转换是指个体在解决问题过程中，通过思维切入点和关注点的改变，把眼光放在一个不同的参照系中进行思维的方法。这里的参照系范围很广，可以是不同的世界观、方法论或理论框架，也可以是不同的人物角色或不同的历史阶段等，如以动态分析替换静态分析，由质的考察改为量的考察，将纵向分析改为横向分析，由现实角度改为历史角度或未来角度，等等。譬如对同一个对象或同一种运动，通过思维视角的转换，可获得多种不同的认识，甚至是更理性、更精细的认识。杜甫的"会当凌绝顶，一览众山小"，苏轼的"横看成岭侧成峰，远近高低各不同。不识庐山真面目，只缘身在此山中"，都是随着人思维视角的改变，从而形成不同认识的真实写照。

(2) 思维方向转换：思维方向转换是指个体在解答问题的过程中，通过思维方向——如正反、上下、左右、前后、增减等的互换，进行不同方向求解思维的方法。例如，爱迪生将"声音引起振动"颠倒思考为"振动还原为声音"，于是产生了设计留声机的构想；赫柏布斯把吹尘器的原理反过来，设计出新的除尘装置，结果发明了吸尘器。又如，兰米尔发明充气电灯泡，他与众不同：不是忙于提高灯泡的真空度，而是转换方式，分别将氢气、氮气、二氧化碳等充入灯泡。这些都是运用思维方向转换成功的范例。

(3) 思维依据转换：思维依据转换是指在科学研究的过程中，当原有的理论依据已不适应新实验或新的事实时，人们被迫放弃旧的理论，采用新理论解释新事实的一种思维方式。譬

如伽利略的单摆实验，自古以来，人们就知道，将重物悬挂在细绳上会来回摆动，直到静止为止。对于这种物理现象，在亚里士多德理论框架中，人们所看到的只是物体由于自然本性的驱使，从较高的位置趋向近地心的自然位置。然而，伽利略在观察物体的摆动时，却看到了理想化的"单摆"，看到了几乎永恒的重复运动，看到了摆的"等时性"。如果只是停留在亚里士多德的理论框架之中，伽利略就不会发现"摆的等时性原理"及后来惠更斯发现"单摆周期公式"。

(4) 思维方式转换：思维方式转换是指个体根据求解的需要，通过变换不同的思维方式而获得不同答案的思考问题的方法。譬如逻辑思维和形象思维的转换，这种转换的目的是要从不同方面或不同层次来丰富对某个感知对象的认识或某个概念的理解。我们知道，逻辑思维主要体现为抽象的推理，其本身存在着一种严格的内在运作形式；而形象思维则是一种运用表象自由把握世界的心理能力。形象思维以原有的表象为基点，融合思想情感及其他"意"的因素，通过逻辑思维对表象进行加工、改造和创造性的重建，进而使"意"与"象"达成和谐的结合。逻辑思维与形象思维相互转换、联合使用，可以使问题的解决更加完美。

美国著名心理学家吉尔福特在他的《创造性才能》一书中指出：与创造性思维最有关联

吉尔福特
(1897—1987年)

的能力有两种，这就是转化思维能力和发散性加工能力。转化思维能力对创造性表现来说的确非常重要，尤其是当转化与发散性加工结合在一起时更是如此。科学发展史上许多做出过伟大贡献的科学家，都非常注重转换思维的运用。一代科学大师爱因斯坦之所以能够提出狭义相对论，是因为他在进行科学研究时不因循守旧，不墨守成规。他一反物理学中普遍运用"实验—方程—原理"的传统归纳思维方式，而采用了"原理—方程—实验"的探索性演绎思维方式——他利用"原理"作为出发点，然后尝试着去建立满足这种原理的"方程"，反过来再用"实验"去验证它。他以与众不同的科学态度，灵活的思维视角转换，抛弃了牛顿的绝对时空观，创立了相对论，使以前无法解释的现象获得圆满的解释。

◉ 曹冲称象的故事

吴国的孙权送给曹操一只大象，曹操十分高兴。大象运到许昌那天，曹操带领文武百官和小儿子曹冲，一同去观看。

曹操的人都没有见过大象。这大象又高又大，光说腿就有大殿的柱子那么粗。

曹操对大家说："这只大象真是大，可是到底有多重呢？你们哪个有办法称它一称？"

嘿！这么大个家伙，可怎么称呢！大臣们纷纷议论开了。

一个说："只有造一杆顶大顶大的秤来称。"

另一个说："这可要造多大的一杆秤呀！再说，大象是活的，也没办法称呀！我看只有把它宰了，切成块再称。"

他的话刚说完，所有的人都哈哈大笑起来。大家说："你这个办法呀，真叫笨极啦！为了称重量，就把大象活活地宰了，不可惜吗？"

曹冲想出化整为零的称象办法

大臣们想了许多办法，一个个都行不通，真叫人为难了。

这时，从人群里走出一个小孩，对曹操说："爸爸，我有个方法，可以称这只大象。"

曹操一看，正是他最心爱的儿子曹冲，就笑着说："你小小年纪，有什么方法？你倒说说，看看有没有道理。"

曹冲把办法说了。曹操一听连连叫好，吩咐左右立刻准备称象，然后对大臣们说："走！咱们到河边看称象去！"

众大臣跟随曹操来到河边。河里停着一艘大船，曹冲叫人把象牵到船上，等船身稳定了，在船舷上齐水面的地方，刻了一条线。再叫人把象牵到岸上来，把大大小小的石头，一块一块地往船上装，船身就慢慢地往下沉。等船身沉到刚才刻的那条线和水面一样齐了，曹冲就叫人停止装石头。

大臣们睁大了眼睛，开始还摸不清是怎么回事，看到这里不由得连声称赞："好办法！好办法！"现在谁都明白，只要把船里的石头都称一下，把重量加起来，就知道象有多重了。

曹操自然更加高兴了。他眯起眼睛看着儿子，又得意洋洋地望望大臣们，好像心里在说："你们还不如我的这个小儿子聪明呢！"

曹冲利用了转换思维的方法，他将称大象的问题转变为称石头，大象太重，当时的条件没法去称量，就以船舷与水面相齐的刻线为标记，称得与大象重量相当的石头，石头的重量自然就是大象的重量了。

◎ 诸葛亮"草船借箭"

诸葛亮在推动孙刘联盟的建立和运筹对曹军作战的方略中，所表现出的远见卓识和超人才智，使器量狭小的周瑜妒火中烧。为解除诸葛亮对他的威胁，周瑜又设下置诸葛亮于死地的圈套。

有一天，周瑜请诸葛亮商议军事，说："我们就要跟曹军交战。水上交战，用什么兵器最好？"

诸葛亮说："用弓箭最好。"

周瑜说："对，先生跟我想的一样。现在军中缺箭，想请先生负责赶造十万支。这是公事，希望先生一定不要推却。"

诸葛亮说："都督委托，当然照办。不知道这十万支箭什么时候用？"

周瑜问："十天造得好吗？"

诸葛亮说："曹军即日将至，若候十天，必误大事。"

接着，诸葛亮表示：只需三天的时间，就可以办完复命。周瑜一听大喜，当即与诸葛亮立下了军令状。在周瑜看来，诸葛亮无论如何也不可能在三天之内造出十万支箭，因此，诸葛亮必死无疑。

不久，诸葛亮碰到了东吴的鲁肃，对他说："先生，三天之内要造十万支箭，得请你帮帮我的忙。"忠厚善良的鲁肃回答说："你自取其祸，教我如何救你？"

诸葛亮说："你借给我二十条船，每条船上要三十名军士。船用青布幔子遮起来，还要一千多个草把子，排在船的两边。我自有妙用。第三天管保有十万支箭。不过不能让都督知道。他要是知道了，我的计划就完了。"

鲁肃虽然答应了诸葛亮的请求，但不明白诸葛亮的意思。见到周瑜，也不谈借船之事，只说诸葛亮并不准备造箭用品。周瑜听罢说："到了第三天，看他怎么办！"

鲁肃私自拨了二十条快船，每条船上配三十名军士，照诸葛亮说的，布置好青布幔子和草把子，等诸葛亮调度。

可是一连两天诸葛亮却毫无动静，直到第三天夜里四更时分，他才秘密地将鲁肃请到船上，鲁肃问他："你叫我来做什么？"诸葛亮说："请你一起去取箭。"鲁肃问："去哪里取？"诸葛亮说："不用问，去了就知道。"鲁肃被弄得莫名其妙，只得陪伴着诸葛亮去看个究竟。

当夜，浩浩江面雾气霏霏，漆黑一片。江上连面对面都看不清。诸葛亮遂命军士用长索将二十条船连在一起，起锚向北岸曹军大营进发。天还没亮，船已经靠近曹军的水寨。诸葛亮下令把船尾朝东，一字摆开，又叫船上的军士一边擂鼓，一边大声呐喊。鲁肃大惊失色，诸葛亮却坦然地告诉他："我料定在这浓雾弥漫的夜里，曹操不敢贸然出战。你我放心饮酒取乐，等大雾散尽就回去。"

曹操听到鼓声和呐喊声，就下令说："江上雾很大，敌人忽然来攻，我们看不清虚实，不要轻易出动。只叫弓弩手朝他们射箭，不让他们近前。"霎时间，箭如飞蝗，射在江心船上的草把子和青布幔子之上。过些时间，诸葛亮又令船队头东尾西，靠近水寨，并嘱加劲地擂鼓呐喊。

天渐渐亮了，雾还没有散。这时候，船两边的草把子上都插满了箭。诸葛亮吩咐军士们齐声高喊："谢谢曹丞相的箭！"接着令二十条船驶回南岸。曹操知道上了当，可是这边的船顺风顺水，已经飞一样地驶出二十余里，要追也来不及了。

船队返营后，共得箭十余万支，为时不过三天。鲁肃目睹其事，直称诸葛亮为"神人"。鲁肃见了周瑜，告诉他借箭的经过。周瑜长叹一声，说："诸葛亮神机妙算，我真比不上他！"

周瑜明知三天之内是不可能造出十万支箭，却要诸葛亮立下军令状，目的就是要置诸葛亮于死地而后快。而诸葛亮的绝招就是转换思维，变造箭为"借箭"，结果十万余支箭得来全不费工夫！

🔍 科学家趣用转换思维

高斯是著名的数学家，但他自视甚高，瞧不起别人。他曾断言，科学规律只存在于数学之中，其他科学都不属于精密科学之列。

在一次学术会议上，高斯与化学家阿伏伽德罗不期而遇，他对阿伏伽德罗说：

"对数学来说，化学充其量只能起到一个女仆的作用。"

阿伏伽德罗感到诧异，也觉得十分尴尬，著名的大学者怎会如此轻狂和不尊重别人。他本想以严厉的语言来回敬，但转念一想，不必针尖对麦芒，于是这样回敬道：

"先生，请看吧！只要化学愿意，它就能使

卡尔·弗里德里希·高斯
（1777—1855 年）

2 + 1 = 2，而你的数学能做到这一点吗？"

这位高傲的数学家被问得丈二和尚摸不着头脑，只得恭敬地问："请问您这是什么意思？"于是阿伏伽德罗不屑一顾地说："化学中这样的例子太多了，譬如 2 个 H_2 分子和 1 个 O_2 分子化合，生成的产物不就是 2 个 H_2O 分子吗？这不就是 2 + 1 = 2 吗？"

不可一世的高斯被当场驳得哑口无言。

阿伏伽德罗巧妙地利用了转换思维的方法，把需要回答的问题由一种形式转换成另一种形式。因为阿伏伽德罗若从正面回答化学的重要性，高斯可能再举例强调数学更重要，因而无法使其折服。现在阿伏伽德罗把应对高斯的谈话转换成具体的化学问题之后，不仅使问题的回答更形象、明了，更有说服力，而且起到了出奇制胜的作用。

在科学家的故事里，这样的趣事还有许多：

有一次，俄国著名生物学教授格瓦列夫正在上课。忽然有个学生故意捣乱，学起了公鸡的啼叫。顿时，同学们哄堂大笑，大家都幸灾乐祸地看着格瓦列夫教授。

格瓦列夫教授不动声色但却是有意地看了一下自己的怀表，说道："我的表误时了，没想到现在已经是凌晨了。不过，同学们请相信我的话，公鸡报晓只是低能动物的本能。"课堂里顿时响起了一片喝彩声，而那位故意捣乱的学生满脸通红地低下了头。

这是因为格瓦列夫知道学生有较重的逆反心理，如果教训和斥责捣乱的学生，效果肯定不理想。于是，格瓦列夫将计就计，变换一下思维的方式，不直接批评学生，而是从生物学的角度巧妙地教育了学生，令这位捣乱的学生愧疚且心服口服。

👁 角色互换，摆脱窘境

1956 年在苏联共产党第二十次代表大会上，赫鲁晓夫作了"秘密报告"，揭露、批判了斯大林肃反扩大化等一系列错误，引起苏联人及世界各国的强烈反响，大家议论纷纷。

由于赫鲁晓夫曾经是斯大林非常信任和器重的人，很多苏联人都怀有疑问：既然你早就认识到斯大林的错误，那么你为什么早前从来没有提出过不同意见？你当时干什么去了？难道你当时没有参与这些错误行动？

一次，在党的代表大会上，赫鲁晓夫再次批判斯大林的错误，这时，有人从听众席上传上来一张纸条。赫鲁晓夫打开一看，上面写道："那时候你在哪里？"

这是一个非常尖锐的问题，赫鲁晓夫觉得很难堪，自己也很难做出回答，但他又不能回避这个问题，更无法当众隐瞒这张纸条——台下成千双眼睛正盯着他手里的纸条。赫鲁晓夫沉思了片刻，拿起纸条，通过扩音器大声念了一遍纸条上的内容，然后望着台下，大声说道："谁写的这张纸条，请你马上从座位上站起来！"

赫鲁晓夫举起了手中的纸条

没有人敢站起来，在场的所有人心里都怦怦直跳，不知他们的总书记赫鲁晓夫要干什么。写这张纸条的人更是忐忑不安，后悔刚才的举动，想着一旦被查出来可能会带来的可怕后果。

赫鲁晓夫重复了一遍他的话，请写纸条的人站出来。全场仍死一般的沉寂，大家都在不安中等待着赫鲁晓夫的爆发。

几分钟过去了，赫鲁晓夫平静地说："好吧，那我告诉你，当时我就坐在你现在坐的位置上。"全场的代表们如释重负，长长地舒了一口气。

面对当众提出的尖锐问题，赫鲁晓夫不能不讲真话。但是，如果他直接承认"当时我没有胆量批评斯大林"，势必会大大伤害自己的面子，也不符合一个有权威的领导人的身份。于是，赫鲁晓夫巧妙地运用转换思维，即席制造出一个紧张的场面，让这位想讲真话的人也不敢站出来讲真话，借以含蓄地表达了自己想要表达的意思。这样的回答既不损害自己的威望，也不会让听众觉得他是在文过饰非，遮遮掩掩，心虚胆怯。

无独有偶，拿破仑也曾用这种办法为自己解了围。

拿破仑入侵俄国期间，有一回，他的部队在一个十分荒凉的小镇上作战，自己意外地与部队脱离。这时一群俄国士兵盯上了他，在弯曲的街道上追逐他。慌忙逃命之中，拿破仑潜入僻巷一个毛皮商的家。当拿破仑气喘吁吁地逃入店内时，他急切哀求毛皮商："快！救救我，救救我，把我藏起来！"

毛皮商不假思索，就把拿破仑藏到了角落的一堆毛皮的底下，刚安排完，士兵就冲进来了，他们大喊："人在哪里？我们看见他跑进来的！"

俄国士兵不顾毛皮商的解释，把店里给翻得乱七八糟，想找到拿破仑。他们将剑刺入毛皮内，但没有发现目标。最后，他们只好放弃搜查，悻悻离开。

拿破仑·波拿巴（1769—1821 年）

过了一会儿，当拿破仑的贴身侍卫赶来时，毫发无损的拿破仑这才从那堆毛皮下钻出来。这时，毛皮商诚惶诚恐地问拿破仑："阁下，请原谅我冒昧地向您问一个问题，您躲在这毛皮下时，可能知道您将面临生命的最后一刻，您可否告诉我，那是一种什么样的感觉？"

谁都可以想象，方才那一幕惊心动魄，让人惶恐。但是，拿破仑作为一国首领，他不会在自己的士兵面前表现出胆怯，也无法将自己的感受用语言告诉毛皮商。于是，拿破仑站稳身子，大声喝道："你！竟敢对一个皇帝提出这样的问题？来呀，将这个不懂礼节的家伙拉出去，蒙住他的双眼，我将亲自下令毙了他！"

士兵捉住那可怜的毛皮商，将他拖到外面面壁而立。

被蒙上双眼的毛皮商看不见任何东西，但是他可以听到士兵的动静，当士兵们拉动枪栓举枪准备射击时，毛皮商甚至可以听见自己的衣服在冷风中簌簌作响。他感觉到寒风拉扯着自己的衣襟、冰凉着自己的脸颊，双腿不由自主地开始颤抖。接着，他听见拿破仑清了清喉咙，拉长声音喊道："瞄准——预备——"那一刻，毛皮商知道一切都已经完了，自己的生命和亲人都将离他而去，眼泪唰的一下流到了脸颊，一股难以名状的痛楚自心中升起……

然而，枪声并没有响，经过一段漫长的死寂，毛皮商人忽然听到有脚步声靠近了他，他的眼罩被解了下来——突如其来的阳光使得他视觉半盲，然而他还是感觉到拿破仑那威严的目光，像一道耀眼的白光直刺他的心底，似乎想洞察他灵魂中的一切。接着，他听见拿破仑轻柔的声音："现在，你该知道了吧。"

运用转换思维，要求我们在交际僵局出现时，把角色互换一下，这样，就很可能轻松地打破僵局，为自己争取主动。也就是让对方坐在自己的位置上，把烫手的山芋抛给对手。

👁 换个视角看问题

美国总统富兰克林·德拉诺·罗斯福再次参加竞选时，竞选办公室为他制作了一本宣传册，发放给记者和选民，为竞选造势。在这本册子里有罗斯福总统的相片和一些竞选信息。

接着成千上万本宣传册被印刷出来。但就在这些宣传册印刷完毕且即将分发的时候，竞选办公室的一名工作人员在做最后的核对时，突然发现了一个问题：宣传册中有一张照片的版权不属于他们，而为某家照相馆所有，他们无权使用。

竞选办公室陷入了恐慌，手册分发在即，已经没有时间再重新印刷了，该怎么办？如果就这样分发出去，无视这个问题，那家照相馆很可能会告竞选办公室侵权，且会索要一笔数额巨大的版权费，这对罗斯福的总统竞选将造成难以挽回的负面影响。

有人立刻提出，派一个代表去和照相馆谈判，尽快争取以一个较低的价格购买到这张照片的版权。显然，这是大多数人遇到这一问题时都可能采取的一种处理方式，也就是正向思维会想到的方法。但是，罗斯福总统的竞选办公室却选择了另一种处理方式：他们通知了这家照相馆，竞选办公室将在制作的宣传册中放上一幅罗斯福总统的照片，贵照相馆的一张照片也在备选的照片之列。由于有好几家照相馆都在候选名单中，竞选办公室决定将这次宣传机会进行拍卖，出价最高的照相馆将会得到这次机会。

富兰克林·德拉诺·罗斯福（1882—1945 年）

结果，竞选办公室在两天内就接到了这家照相馆的投标书和支票。这使竞选办公室不但摆脱了可能侵权的不利地位，甚至还因此获得了一笔可观的收入。

在这里我们可以发现，竞选办公室就是采用了转换思维的方法，因为他们看到总统竞选的过程也可以成为商家做宣传的过程，从而将可能面临的版权纠纷，变为拥有版权的照相馆反过来有求于自己，变被动为主动，找到了解决问题的最好办法。

古人说："横看成岭侧成峰，远近高低各不同。"这些区别也许就是由于看待问题的视角不同。从正面看，前方似乎云遮雾罩，困难重重，但换一个角度看，却是"柳暗花明"，困难迎刃而解；从正面看，好像是一场灾难，换一个角度看，却可能是一个商机。

南宋绍兴十年七月的一天，杭州城最繁华的街市失火，火势迅速蔓延，数以万计的房屋和商铺置于火海之中，顷刻之间化为废墟。

有一位裴姓富商，苦心经营了大半生的几间当铺和珠宝店也恰恰在那片闹市中，火势越烧越猛，他大半辈子的心血眼看将要毁于一旦。然而他不是让伙计和奴仆冲进火海，舍命抢救珠宝财物，而是不慌不忙地指挥他们迅速撤离，一副听天由命的神态，令众人大惑不解。

然后他不动声色地派人从长江沿岸平价购回大量木材、毛竹、砖瓦、石灰等建筑用材。当这些材料像小山一样堆起来的时候，他又归于沉寂，整天品茶饮酒，逍遥自在，好像失火压根儿与他毫无关系一样。

火烧了数十天之后被扑灭了，但是曾经车水马龙的杭州，大半个城已是墙倒房塌，一片狼藉。

不几日朝廷颁旨：重建杭州城，凡经营销售建筑用材者一律免税。

于是杭州城内一时大兴土木，建筑用材供不应求，价格陡涨。

裴姓商人趁机抛售建材，获利巨大，其数额远远大于被火灾焚毁的财产。

转换思维为我们提供了一个崭新的思维视角，在我们的生活与工作中，遇到困难或是难以跨越的"坎"时，不妨尝试一下转换思维，你也许可以看到另外一片天地。

👁 此路不通换条道

有两只蚂蚁想翻越一道墙，寻找墙另一边的食物。

一只蚂蚁来到墙脚就毫不犹豫地向上爬去，可是由于太陡且墙面光滑，当它爬到大半时，再也贴不住墙面而掉了下来。可是它毫不气馁，一次次跌下来，又一次次爬上去。

另一只蚂蚁看见自己的同伴爬不上去，便仔细观察了一下，它决定绕道走，从墙边爬过去。很快地，这只蚂蚁绕过墙头来到了食物边，独自享用起来。

第一只蚂蚁却仍在原地，不停地上爬，不停地跌落，跌落下来又重新开始上爬。

很简单的故事，却向我们揭示了一个道理：两点之间最短距离未必是直线，当一条路走不通时，不妨调整一下方向，换条路再走。有些时候，单靠执着未必就能够成功。

1945 年战败的德国一片荒凉，一个德国年轻人发现，当时国人处于"信息荒"中——国民对信息的获得非常饥渴。于是他决定售卖收音机。可是，当时在联军占领下的德国，不但禁止制造收音机，连销售收音机也是违法的。

这个年轻人想了一个聪明的办法，将组成收音机的所有零件、线路全配备好，附上说明书，一盒一盒以玩具的形式出售，让顾客们动手组装。

这一思路果然产生奇效，一年内竟卖掉了数十万盒组装收音机配件。

应用转换思维，这个年轻人巧妙地解决了"信息封锁"的难题。

类似的，还有这样一则故事。

一位大学副教授，刚结婚不久，妻子就因为患类风湿性关节炎而卧床不起，生下女儿后，病情又加重了。面对长年卧病的妻子、刚刚降生的女儿和

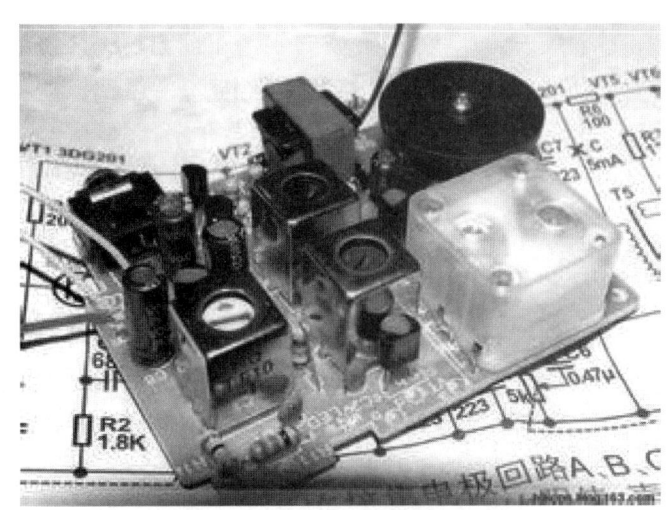

组装的收音机

还没有开头的事业，他矛盾重重。

一天，他突然想到，能不能把自己的研究方向定在儿童语言的研究上呢？

从此，妻子成了最佳的合作伙伴，刚出生的女儿则成了最好的研究对象。家里处处都是小纸片和铅笔头，女儿一发音，他们立刻做最原始的记载，同时每周一次用录音带录下文字难以描摹的声音。

就这样坚持了 6 年，到女儿上小学时，他和妻子开创了一项世界纪录：掌握了女儿从出生到 6 岁半之间几百万字的儿童语言发展原始资料。而国外此项纪录，最长只到 3 岁。1992年，他的《汉族儿童问句系统习得探微》正式出版，这在国外语言学界引起了震动，被《中国语言年鉴》誉为"关于儿童语言发展的奠基之作"。

此项研究硕果累累：他和妻子合著的《父母语言艺术》出版；他主编的《聋儿语言康复教程》获奖；35 万字的最新论著《儿童语言发展》又被列入出版计划……

许多时候，正前方的路上可能会碰到艰难险阻，甚至会走不通，那么，你就换一条路，从另一面打开一片新的天地。

👁 将不利转化为有利

生活中我们会遇到许多问题，这些问题有时可能对我们不利，譬如有顾客对我们的商品持有不好的评价，这时怎么办？是消极逃避？或是围绕着问题转来转去？这些都不可取，最有效的方法：将对方的视线引到问题的另一面，从有利于自己的方面进行解释——这就是扬长避短的转移视线法。

杰拉德是一家笔记本电脑公司的推销员。一次，他去拜访一位工程师，这位工程师想给单位买一批重量比较轻的电脑供同事出差时使用。他在与杰拉德面谈时，说出了自己的抱怨："我觉得你们的笔记本电脑有点重。"

"您为什么会觉得重呢？"杰拉德问。

"你看，你的笔记本有 2.6 千克，而另一家公司的笔记本重量只有 2 千克。"

"重量对您有那么重要吗？"

"是的，我们单位使用电脑的工程师经常在外面出差，他们希望笔记本电脑的重量能够轻一些，这样携带会比较方便。"

杰拉德诚恳地向顾客推介电脑

"我知道了。笔记本电脑是工程师的工作工具，便于携带对于他们在外面工作是非常重要的。对于这些工程师来讲，您觉得还有什么指标比较重要呢？"

"除了重量，还有配置，例如 CPU 速度、内存和硬盘的容量，当然还有可靠性和耐用性。"

"那么您觉得哪一点最重要呢？"

"当然是配置最重要，其次是可靠性和耐用性，再次便是重量。但重量也是很重要的指标。"

"我很赞成您的看法，每个公司在设计产品的时候，都会平衡其性能的各个方面。如果重量轻了，一些可靠性设计可能就要被牺牲掉。例如，如果装笔记本的皮包轻一些，皮包对电脑的保护性就会弱一些。据了解，我们发现客户最关心的是可靠性和配置，这样不免牺牲了重量方面的指标。事实上，我们的笔记本电脑采用的是铝镁合金，虽然装备重一些，但是更坚固。而有的笔记本电脑为了轻薄，采用碳纤维，坚固性就会差一些。"

"有道理！"

"根据这种设计思路，我们的笔记本电脑的配置和坚固性一直是业界最好的，您对于这一点有疑问吗？"

"你是说鱼与熊掌不可兼得了。"

"您的比喻非常恰当。我们在设计产品的时候更重视可靠性和配置，而这一点却增加了它的重量。但这个初衷也符合您的要求，您也同意可靠性和配置的重要性。再说只是重 0.6 千克而已，不是个大数字，是吗？"

"对，你说得不错。"

在杰拉德的劝说下，客户订购了 15 台笔记本电脑。

不可否认，杰拉德是位优秀的推销员。他推销的特点就是善于转移问题的焦点，让顾客的视线从产品的缺点转移到产品的优点上，而且让其认识到，有这样的优点，缺点已经无足轻重了。这就是巧妙地运用转化思维法，将问题转移到利己的一面。

由此可见，转移视线法运用起来并非难事，当 A 问题对己不利的，设法将对方的视线从 A 转移到对自己有利的 B 问题。只要我们在生活和工作中稍加用心，人人都可以做到。

◉ 一美元的贷款

有一位犹太人走进纽约的一家银行，来到贷款部，很自然地坐在椅子上。

贷款部经理说："请问，先生需要我帮什么忙吗？"

他一边问，一边打量着此人的穿着：豪华的西服、高级的皮鞋、昂贵的手表，还有领带夹子。

这位犹太人说："我想借些钱。"

"好啊，你要借多少？"

"1 美元。"

"只需要 1 美元？"贷款部经理感到有些诧异。

"不错，只借 1 美元。可以吗？"

"当然可以，只要有担保，再多点也无妨。"

"好吧，这些担保可以吗？"

犹太人说着，从豪华的皮包里取出一堆股

精明的犹太人

票、国债，放在经理的办公桌上，然后说："一共 50 万美元，够了吧？"

经理说："当然，当然！不过，您真的只需要借 1 美元吗？"

"是的。"犹太人肯定地回答。

经过必要的手续，犹太人接过了贷来的 1 美元。

经理告诉他："年息为 6%。只要您付出 6% 的利息，一年后本金归还时，我们就可以把这些抵押品还给您。"

"谢谢！"犹太人说完，准备离开银行。

一直在旁边留心观看的分行行长怎么也弄不明白，用 50 万美元作抵押借 1 美元，这怎么可能呢？他感觉这位犹太人的此种做法实在是太奇怪了，令他百思不得其解，于是急急忙忙地追上前去，对犹太人说："啊，这位先生……"

"有事情吗？"

"我弄不清楚，你有 50 万美元，为什么只借 1 美元呢？要是你想借 30 万、40 万美元的话，我们也会很乐意的……"

犹太人笑了笑，没有回答就径直走了。

过了一段时间，一位朋友得知这一情况，问这位犹太人为什么要做这种亏本的生意，犹太人听后哈哈大笑，对朋友说："你知道吗？为了安全，我要将一大堆股票、国债存放在金库的保险箱里。我到金库去打听了，但他们都是根据面值收费的，这样我势必要付出一大笔租金。现在我把租保险箱变为抵押贷款，借贷 1 美元，一年只需付 6 美分贷款利息，而银行则免费为我代管所有股票和债券，你说我是在做亏本生意还是在做赚钱买卖呢？"

朋友听后连连叫绝："这真是绝妙的赚钱买卖！"

👁 "另起一行" 的智慧

最近，林强交了女朋友，妹妹忍不住揶揄他："哥，你有了女朋友，那现在我在你心中排第几呀？"

他想也不想，便答："第一。"

妹妹撇着嘴，极度不相信地看着他："怎么可能？少骗人了！"

他狡黠地一笑，然后说："当然排第一，另起一行而已。"

我们在佩服林强的机智之余，也不妨想一想他话中的含义。每一个人都期望得到第一，其实要拿第一也容易，只要善于运用转化思维法，让自己"另起一行"，就可以了。

有时，我们常常会为生活中的困难而苦恼，苦于难以找到问题的突破口，苦于难以使自己战胜别人。下面这个故事就是在告诉我们，遇到这样的困境，我们怎样才能"拿第一"，希望能给大家带来启示。

一位搏击高手参加拳击锦标赛，自以为稳操胜券，一定可以夺得冠军。

出人意料的是，在最后的决赛中，他遇到一个实力相当的对手，双方竭尽全力出招攻击。

当比赛到中途，搏击高手意识到，自己竟然找不到对方招式中的破绽，而对方的攻击却往往能够突破自己防守中的漏洞，准确地打中自己。

比赛的结果可想而知，这

"另起一行"的智慧

位搏击高手获得惨败，当然也无法得到冠军的奖杯。他愤愤不平地找到自己的师傅，一招一式地将对方和他搏击的过程再次演练给师傅看，并请求师傅帮他找出对方招式中的破绽，练习攻克对方的新招，以便在下次比赛时战胜对方。

师傅笑而不语，在地上画了一道线，要他在不能擦掉这道线的情况下，设法让它变短。

搏击高手百思不得其解，怎么会有像师傅所说的办法，能使地上的线变短呢？最后，他无可奈何地放弃了思考，转向师傅请教。

师傅在原先那道线的旁边，又画了一道更长的线。两者相比较，原先的那道线，看来变得短了许多。

师傅开口道："夺得冠军的关键，不仅仅在于如何攻击对方的弱点，正如地上的长短线一样，如果你不能在要求的情况下使这条线变短，你就要懂得放弃从这条线上做文章，寻找另一条更长的线。那就是你要让自己"另起一行"，练就一套新的、厉害的招式，只要你自己变得更强，对方就如原先的那道线一样，在相比之下也就变得较短了。使自己变得更强，才是你需要苦练的根本。"

搏击高手听后，顿时恍然大悟。

搏击较量的不但是力量，更是头脑。如果不能在对方的弱点上做文章，那么就让自己"另起一行"，将新的更强的招式练到极致，让自己变得更强，自然能够夺取胜利。

在获得成功的过程中，在夺取冠军的道路上，有无数的坎坷与障碍需要我们去跨越、去征服。人们通常走的路有两条：一条路是选择与对手在同一跑道上角逐，发现并攻击对手的薄弱环节；但当这条路走不通或不容易走的时候，就要选择另一条路——"另起一行"，放弃与对手硬碰硬，练就一招新的杀手铜，这往往才是最有效的夺冠的方法。

👁 变通方法，巧解问题

如果你是一家电影公司的职员，现在，公司要在另外一座城市开一家电影院，于是安排你做一件事情：在一两天的时间里，帮公司寻找一个最适合开电影院的地方。你有把握在这么短的时间内找到吗？

众所周知，开电影院和开商店的经验是一样的：最重要的莫过于位置。因为，商店和电影院要生意兴隆，首先得人气旺，而人气要旺，就必须将位置选择在人流量多、消费能力强的地方。

许多人面对这样的问题，很容易根据常规思维，用测算人流量的方法去解决，其中最直接的办法就是每天派人到各处实地考察，但这样需要耗费大量的时间和精力，短时间内根本不可能得出结果。还有一种办法就是请专门的调查公司去做调查，但这样花费肯定不会少。除此之外，还有没有更好的方法呢？

日本一家电影公司的高级管理者就遇到了这样的问题，然而他只用了一个非常简单的办法，就轻而易举地将问题解决了。

他是怎么做的呢？——带领自己的下属，到计划开设电影院的城市的所有派出所进行调查。调查的目标十分简单：哪个地方平时丢钱包最多，然后就选择丢钱包最多的地方开电影院。

结果证明，这个选择简直太对了，这家新开的电影院竟然成了电影公司开设的众多电影院中最火的一家。

这种选择的理由是什么呢？——因为钱包丢失最多的就是

人流量最大、消费活动最旺的地方。

这位高级主管所采用的办法，就是转换思维法，也就是思考问题时不从正面展开，而是以变通的方式从侧面找到解决问题的简便办法。

1949 年，伍德沃德到赞比亚西部高原上寻找铜矿，可是一直未能找到。后来，伍德沃德发现了一种奇怪的小草，这种小草在有些地方开着紫红色的花朵，而在有些地方则开着红色的花朵。伍德沃德想：小草开出不同颜色的花，会不会是土壤中含有不同的矿物质引起的？于是，伍德沃德就把开着不同颜色的两种花的土壤带回实验室进行分析，结果发现开紫红色花的小草生长的土壤中含有大量的铜元素。于是，伍德沃德便变找铜矿为找这种奇怪的小草，最后果然在这种紫红色花的"带领"下，发现了一个举世罕见的大铜矿！

有铜矿就有开紫红色花的牙刷草

铜矿隐藏在地下，人的肉眼看不到它，但伍德沃德却巧妙地利用转换思维，变看不到的为看得到的，从而使问题轻而易举地得到了解决。

相传，当年土豆引入欧洲时，并不被百姓所认同。法国国王想尽了办法来宣传土豆的优点：高产、省肥、抗病虫害、营养丰富、便于储藏，等等，几乎使出了浑身解数，却没有收到什么效果，老百姓仍对其敬而远之。

这时，有个小官员向国王

献计，由国王下令在一片空地上种植土豆，并且在白天派兵看守，晚上再将卫兵撤去。这一下激发了老百姓的好奇心，大家都在猜测这究竟是什么好东西，竟然需要派兵来看守？于是，几个胆子大的农民晚上将土豆偷来种在自家地里。这样，偷种的农家越来越多，土豆也就在法兰西的田野上很快推广开了。

转换思维不仅是一种思维方式，也体现了一种智慧，如果法国国王仍沿用惯有的办法，可能直到今天法国农民仍未种上土豆。然而仅仅是因为一种方法的转换，却轻易实现了推广土豆种植的目的。

👁 以退为进的迂回法

国际体育比赛中曾发生过这样一件事：在一次保加利亚队和捷克斯洛伐克队的篮球比赛中，离比赛结束还剩下 8 秒的时候，保加利亚队仅领先 2 分。按照规定，保加利亚队在这一场球赛中至少赢 6 分才能不被淘汰。这时，保加利亚队的一个队员突然向本方的篮内投入一个球。双方的队员和场外的观众一下子都愣了，不知这是怎么回事。过了好一会儿，大家才明白过来，并报以热烈的掌声。

这位保加利亚队的队员为什么要向本方的球篮投进一个球？他是怎么想的呢？

他是这样想的：保加利亚队要想不被淘汰，必须再赢 4 分；要有可能再赢 4 分，就得延长比赛时间；要延长比赛时间，就要在终场时把比分拉平；要在终场时把比分拉平，那就只有现在向本方篮内投进一个球。

果然，保加利亚这位队员刚一投进这个球，裁判就宣布进行加时比赛。在随后的比赛中。保加利亚队队员士气高涨，轻松拿下 6 分，赢得了比赛的胜利。

约瑟普·布罗兹·铁托
（1892—1980 年）

这位保加利亚队队员运用的思维方式就是转换思维法，是一种以退为进的迂回策略。有时，当解决问题的进程遇到了难以消除的障碍时，可谋求避开或越过障碍而找到解决问题办法，这种办法也考验着人的智慧。

1943 年 2 月，希特勒调集 4 个德国师、1 个意大利师的联合特种部队以及南斯拉夫的傀儡军队，集中围攻铁托领导的南斯拉夫西波斯尼亚和中波斯尼亚解放区，企图消灭铁托率领的这支民族解放部队。

为粉碎纳粹的阴谋，铁托率领由 4 个师组成的突击部队，并掩护 4 000 名伤员，向东南方向突围，转移到门的内哥罗地区。全军在铁托的领导下尽力牵制德军的力量。而转移行动成功的关键，是必须安全渡过涅列特瓦河。铁托的突击部队被德军堵在河的左岸，对岸的阻击火力很猛，而且敌军部队正加紧对铁托部队进行包围。

为尽快过河，突击部队几次向桥头发起攻击，但都被德军的密集火力击退，形势十分危急。这时，铁托一反常态果断地命令道："炸桥！"突击部队队员在桥头埋下炸药，"轰"的一声巨响，大桥塌了一段。

也许大家都会产生疑问，铁托的部队不是要过桥吗？为什么自己反倒把桥给炸掉了？

原来，铁托的做法是为了迷惑敌人，炸桥后，铁托命令部队迅速撤退。德军这时似乎恍然大悟，以为铁托的部队不是要过河，而是要在河的左岸活动所以才炸掉大桥，以阻止德军过河进攻。于是德军急忙转到下游的渡口过河追赶突击部队。

看到德军上当后，铁托命令突击部队突然折回桥头。这时，德军只顾向下游追击铁托的部队，河对岸已没有一个德军把守。突击部队挖好工事，建立桥头阵地，做好阻击德军的准备。同时，铁托命令突击部队以最快的速度，借助原来的旧桥墩，连夜在断桥处搭起一座简便的吊桥，将坦克、大炮等重武器丢到河里，人员携带轻便武器，扶着轻伤员，抬着重伤员，闪电般地渡过涅列特瓦河，进入门的内哥罗地区。

当德军从下游渡口渡过河，赶到他们预定的目的地时，发现被狂轰滥炸的山谷空空如也，根本不见铁托部队踪影，这才如梦初醒！但此时醒悟已经晚了，突击部队过河以后，剩余的大桥已全部被炸掉，德军赶到桥边时，只能望河兴叹，眼睁睁地看着铁托的部队撤离。

铁托先令部队炸桥，是为了转移视线、迷惑他们，掩盖过桥的真实意图，使德军判断失误；然后又佯装撤离，采用调虎离山之计诱敌上当，当德军中计离开大桥后，突击部队就可以从容不迫地搭桥过河。真是胜敌自有妙计，强攻不如智取。铁托的高明之处就在于他思维转换：先炸桥—后搭桥—再过桥—最后再炸桥。让思维来了个180°的大转弯，结果轻而易举地达到了自己的目的。

不难看出，转换思维中的"退"并不是软弱和退败，而是一种迂回的策略，"退"是为了下一步的进，退一小步，是为了能进一大步。这才是转换思维的真谛。

👁 没有办法就改变它

一件事情如果找不到解决的办法怎么办？一般的人也许会告诉你："那只能放弃了。"但善于运用逆向思维的杰出人士却会这样说："找不到办法，那就改变问题！"

在 19 世纪 30 年代的欧洲大陆，一种方便、价廉的圆珠笔在书记员、银行职员甚至是富商中流行起来。制笔工厂开始大量生产圆珠笔。但不久却发现圆珠笔市场严重萎缩，原因是圆珠笔前端的钢珠在长时间的书写后，因摩擦而变小，继而脱落，导致笔芯内的油墨泄漏出来，弄得满纸油渍，给书写带来了极大的不便。人们开始厌烦圆珠笔，不再使用它了。

工厂的设计师们为了改变"笔筒漏油墨"这种状况，做了大量的实验。他们都从圆珠笔的珠子入手，实验了上千种不同的材料来做笔前端的"圆珠"，以求找到寿命最长的"圆珠"，最后甚至找到了钻石做"圆珠"。钻石确实很坚硬，不会漏油墨，但是钻石价格太贵，而且当油墨用完时，这些空笔芯怎么办？

为此，解决圆珠笔笔芯漏油墨的问题一度搁浅。后来，一位叫马塞尔·比希的人却很好地将圆珠笔做了改进，解决了漏油墨的问题。他的成功是得益于一个想法：既然不能延长"圆珠"的寿命，那为什么不主动控制油墨的总量呢？于是，他所做的工作只是在实验中找到一颗"钢珠"在书写中的"最大油墨量"，然后每支笔芯所装的"油墨"都不超过这个"最大油墨量"。经过反复的试验，他发现圆珠笔在写到两万个字左右时开始漏油墨，于是就把油墨的总量控制在能写一万五六千个字，超出这个范围，笔芯内就没有油墨了，也就不存在漏油墨的问题了。这样，方便、价廉又"卫生"的圆珠笔又成了人们

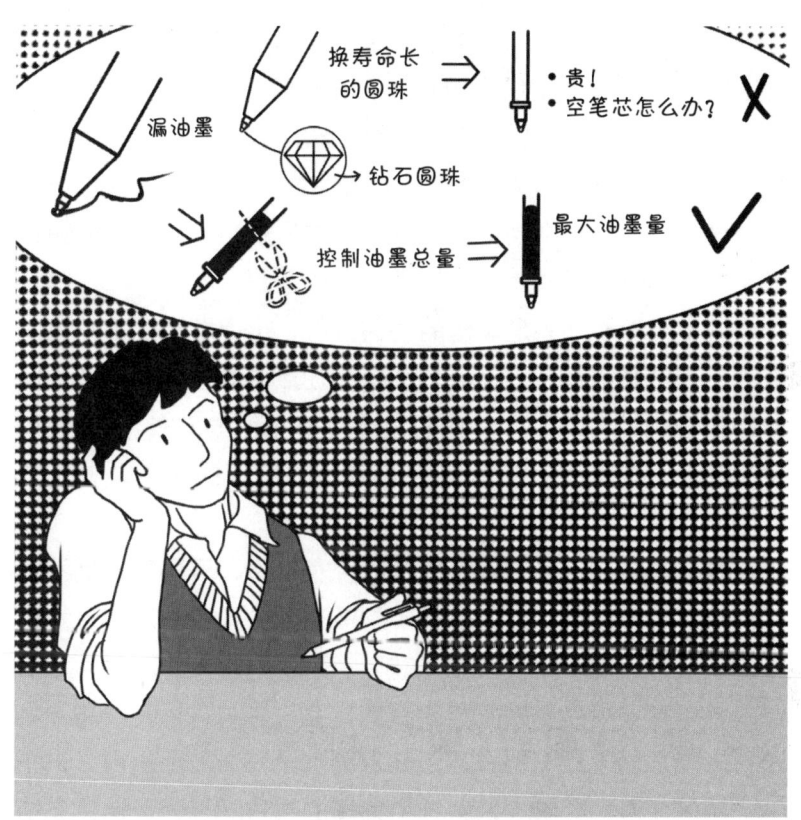

将"寻找圆珠"的问题转换为"控制油墨量"的问题

喜爱的书写工具。

　　马塞尔·比希将"寻找圆珠"的问题转换为"控制油墨量"的问题，使原本棘手的困难得到了巧妙的规避，不仅解决了问题，而且节省了大量的研究时间和财力。

　　某楼房自出租后，房主不断地接到房客的投诉。房客反映说电梯上下速度太慢，等待时间太长，要求房主迅速更换电梯，否则他们将搬走。

　　已经装修一新的楼房，如果再更换电梯，成本显然太高；如果不换，万一房子租不出去，更是损失惨重。怎么办？房主

仔细琢磨，终于想出了一个好办法。

房主并未更换楼房的电梯，可再也没人投诉电梯的事情，剩下的空房子也都租出去了。这是怎么回事呢？原来，房主在每一层的电梯间外的墙上都安装了很大的穿衣镜，大家等电梯的时候注意力都集中到自己的仪表上，自然感觉不出电梯的速度是快还是慢了。

更换电梯显然不是最佳的解决方案，但问题出现了应该怎么办？这里房主巧妙地运用了转换关注点的方法，将"换不换电梯"的问题转换到了"如何让房客不觉得电梯慢"的问题。问题变了，方案也就产生了，只要转移房客的注意力就可以了。

有些时候，无论你做了多少研究和准备，但事情就是不能如你所愿。既然尽了力还是找不到最有效的解决办法，那就试着改变这个问题。

◉ "此"手段达"彼"目的

从前，有一个农夫，有一个懒惰的儿子。一天，他让儿子把一堆苹果分为两种装进两个篓子里。一个篓子装大的，一个篓子装小的。

傍晚农夫回到家里，看见儿子已经把苹果分开装进篓子，而且鸟啄虫蛀的烂苹果也被挑出来堆在一边了。农夫谢过儿子，夸他干得漂亮，然后他取出一些口袋，把两个篓子里的大小苹果混装在一起。结果，大小苹果被胡乱搅和在一起，并没有按大小分开装。

儿子气坏了，他不明白父亲既然要将苹果混装在一起，可又为什么要自己费那么大力气把它们分开呢？

农夫告诉儿子说：这不是什么花招，只是采用了拐了一个弯的间接手段，目的是要让儿子非常仔细地检查到每一个苹果。如果他不拐个弯，而是直截了当地叫儿子把烂苹果扔掉，那么儿子就不会仔细检查每一个苹果，他只需把苹果翻检一下，寻出那些一看就知道已经坏的烂苹果，而不会去检查那些貌似完好其实已开始变坏的苹果了。

农夫知道自己的儿子懒惰、马虎，用直接的方法并不会收到良好的效果，便聪明地将问题进行了转换，这样反而达到了自己的预期目标，实现了通过 B 得到 A 的结果。

善用此手法的还有美国总统林肯。

林肯早年曾当过律师。有一次，他接到这样一件案子：一个叫阿姆斯特朗的人被人诬告为谋财害命的杀人凶手。证人福尔逊一口咬定，亲眼看到阿姆斯特朗在半夜行凶杀人。对此，阿姆斯特朗有口难辩，眼看就要定案了。林肯接案后，经过仔细地现场勘察、分析，终于弄清了其中的真相。

以下是林肯与证人在庭审上的一番对话。

林肯："你起誓说在案发现场认清了阿姆斯特朗吗？"

福尔逊："是的。"

林肯："你说你在树东面的草堆后，阿姆斯特朗脸朝向西在大树底下，两处相距二三十米，你能看清楚吗？"

福尔逊："看得清清楚楚，因为当时的月光很亮。"

林肯："你敢肯定不是凭借衣着猜测的吗？"

福尔逊："我肯定看清了他的面容，因为当时月光正照在他的脸上。"

听到证人说道"月光正照在他脸上"，林肯思路一转，立即问道："你能肯定凶杀的时间正是晚上 11：00 吗？"

福尔逊："绝对肯定，因为回家时，我看了时钟，为晚上11：15。"

林肯笑着点了点头。之后，他迅速转向陪审团，大声地宣布道："证人显然是在说谎，他说 18 日晚上 11：00 月光正照在凶手的脸上，使他认出了阿姆斯特朗。但是，请各位注意，10 月 18 日是上弦月，不到晚上 11：00 月亮便已下山，就算月亮没有下山，月光照到被告脸上，这时被告的脸朝西，而证人在树东面的草堆后，根本不可能看到被告的脸。如果被告回头，因为月光照不到脸，证人也无法认准。"

证人一见谎言被揭穿，顿时张口结舌，不知所措，最后只得一五一十地供出了他做假证的缘由。

林肯当庭揭穿了证人的谎言

林肯在提问的过程中迅速从案发现场转向案发时间，转移了证人的注意力，从而使其忽略了证词前后的矛盾，使证词构成了一个显而易见的谎言。

问题转换法有时给人一种"绕远"的错觉，为什么不采用直接的方法呢？因为直接的方法往往达不到目的或不能很好地达到目的。通过这种拐了弯的间接手段来寻找真正的目标，从而达到自己的目的。

思维一转换，问题就简单

爱迪生有位助手叫阿普顿，他出身名门，是大学的高材生。在那个门第观念很重的年代，阿普顿对小时候以卖报为生、自学成才的爱迪生最初并不是很尊重。

一天，爱迪生安排他做一个计算梨形灯泡容积的工作，他

爱迪生在他的工作室里

一会儿拿标尺测量、一会儿又用公式进行计算，仿佛是在做大学问似的。几个小时过去了，爱迪生走进他的工作室，问阿普顿是否已计算好了，满头大汗的阿普顿忙说："快好了，就快好了。"爱迪生看到稿纸上复杂的公式明白了怎么回事。于是他拿起灯泡，倒满水，递给阿普顿说："你去把灯泡里的水倒入量杯，就会得出我们所需要的答案。"

阿普顿这时才恍然大悟：哎呀，原来这样简单！

这件事深刻地教育了阿普顿，从此，他对爱迪生产生了深深的敬意。

其实，爱迪生只是将思维进行了转换，若用直接的方法难以测量，那就用间接的方法，这样一转换，问题就变得简单多了。

许多看似复杂的问题，其实并不复杂。之所以会把问题看得复杂，有时正是缺乏思维的转化。如果能够转换一下思维，你也许会觉得问题的解决方法简捷且妙不可言。

1952年，日本东芝电器公司积压了大量电扇销不出去。公司7万多名员工为了打开销路想尽了一切办法，但仍然进展不大。最后董事长石坂先生宣布：谁能让公司走出困境，打开市场销路，他就把公司10%的股份让给他。

这时，一个基层的小职员向石坂先生提出建议，为什么我们的电扇不可以是其他颜色的呢？石坂先生觉得有道理，他马上召集会议讨论这个建议，最后董事会决定采纳这个建议。第二年的夏天，东芝电器公司就推出了一系列彩色的电扇。这批电扇一上市，立刻在市场上掀起了一阵抢购热潮，3个月之内就卖出了几十万台。从此以后，在世界的任何地方，电扇就再也不是一副黑色的面孔了。

一个简单的建议，便扭转了企业极度的困境，从中你会发现，"简单地变换一下"是多么的美妙！它犹如一束明亮的灯光，将黑暗的角落给照亮。

有时，简单地变换一下思维方向，也能使自己身处险境而转危为安、化险为夷。下面便是一个这样的案例。

1988年10月27日，秘鲁的一艘潜艇在公海被一艘日本商船撞沉。船长及其他6人当场死亡，24人脱险，还有22人随着潜艇渐渐向海底下沉。

这时大家推举老船员詹特斯为临时船长，召集大家研究逃生的办法。然而时间一分一秒地过去，却没有人想出有效的办法，这时有的人开始感到绝望了。就在这紧急关头，詹特斯做出一个冒险的决定——用发射鱼雷的方法将船员一个个从潜艇发射出去。的确，这样做太危险了，人被鱼雷发射器发射时要承受巨大的压力，弄不好可能留下终生难以治愈的沉箱病。但此时潜艇已沉入海中33米，把人射出海面每个人就需要3秒，如果再犹豫就只有死路一条了。詹特斯告诉大家进入鱼雷弹道口前，尽量把腔内的空气排净，否则人的肺会像气球一样在发射中爆炸。结果，这22人中除一人脑出血外，全都成功射出，安全地浮出海面，终于死里逃生。

2 再现思维法

根据思维的智力品质，人们将思维划分为再现思维和创造思维。再现思维是思维活动的基本形态，同时也是人们进行创造性思维的基础。知识学习中的许多内容的复习和应用，人们使用的都是再现思维的方法。

👁 依据记忆进行的思维

再现思维是依靠过去的记忆进行的思维，也就是利用已有的知识和经验去思考和解决问题的思维方法，故又称重演思维或再生思维。它是在原有的认知框架内，再现目标对象的某个特征、属性，模仿已有的经验和办法，从而解决现实遇到的具体问题。学校教育中学生把已学过的知识原封不动地照搬套用，就是属于这样一种思维方法。

一个人原有的知识结构和经验，是他在过去的社会生活和工作中向他人（包括前人和社会）学习而获得的。这些东西通过大脑的记忆存储于大脑之中，到了需要使用的时候，通过记忆提取并由再现思维来完成其智慧活动，实现其应用价值。因此，再现思维具有以下两个方面的重要作用。

维持正常的思考：个体的绝大多数思维活动，都是利用已有的知识和经验去处理现实中可能反复出现的问题，真正属于个人创造的并不是很多。所以再现思维是一切思维活动的基础，离开了再现思维，人就寸步难行，其他的思维活动也无法正常进行。

传授知识和经验：人类社会创造与积累的知识和经验快速地发展和变化着，被确定为正确和有用的知识，就会得到认可和传播。教育训练的目的就是把这些知识传授给每一个人，成为人们在社会活动中的有用工具。人的绝大多数的时间和精力都是在学习或者应用这些传授的知识和经验。

根据再现思维的作用，我们可以把再现思维的特点归纳为"四个性"，也就是四个方面的特性。

（1）建构性：建构是再现思维的前提条件，即首先必须建

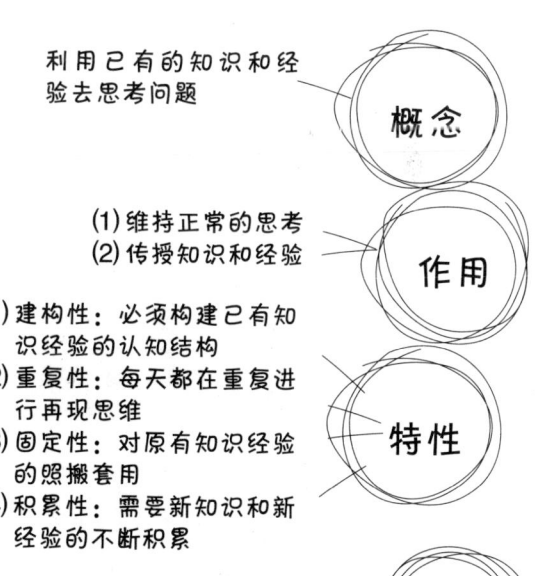

再现思维

利用已有的知识和经验去思考问题　概念

(1) 维持正常的思考
(2) 传授知识和经验　　作用

(1) 建构性：必须构建已有知识经验的认知结构
(2) 重复性：每天都在重复进行再现思维
(3) 固定性：对原有知识经验的照搬套用
(4) 积累性：需要新知识和新经验的不断积累　　特性

(1) 再认：识记过的事物在头脑中的再现
(2) 重现：遵循规律　① 接近律　② 类似律　③ 对比律　　要素

什么是再现思维

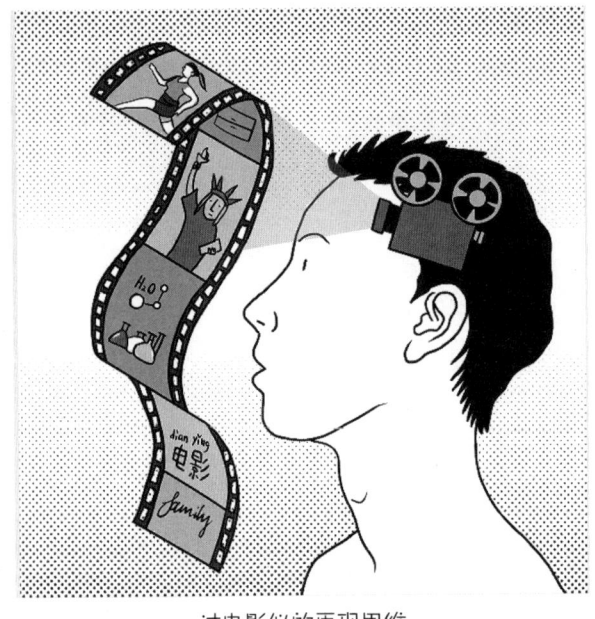

过电影似的再现思维

立起已有知识经验的认知结构，如果没有原有的认知结构，就无法进行知识的重演与再生。

(2) 重复性：这是由再现思维的普遍适用性所决定的。人们要经常使用再现思维方法，特别是日常生活和职业活动中，天天都在重复进行，并且用得越多就越熟练，熟能生巧才能高效率地工作。

(3) 固定性：再现思维是对原有知识经验的照搬套用，因此具有一定的稳定性和固定性，或叫作惰性。它使人们习惯于按部就班地执行已有的活动程序和步骤，有些行为甚至可以达到自动化的精细程度。

(4) 积累性：社会在发展，认识在变化，只依靠旧的知识和经验是无法解决新问题的，因此必须不断学习新的知识和新的经验，这样才能根据新的情况满足再现思维的新需要。

不难看出，再现思维的前提是知识和经验的大量积累，积累得越多，越有利于再现思维的进行。所以发展个体的再现思维能力，首先必须强化记忆的能力，而在再现思维的活动过程中，起重要作用的是记忆中的"再认"与"重现"。

(1) 记忆过程中的再认。

识记过的事物，当它再度出现时感到熟悉，知道它是已知的对象，这就是再认。譬如：能认出学习过的英语单词，聚会时能叫出过去同学的名字，听到一首歌曲有熟悉感并能想起歌名，等等，都属于再认的过程。

再认比重现容易，一般能重现的东西一定能够再认，而能再认的东西就不一定能够重现。

再认虽然比重现简单，但并不是所有识记过的事物都能再认。对于同一事物，人的再认速度和准确性是存在差异的，这主要取决于两个条件：一是对信息保持和巩固的程度，如记忆深刻的事物容易再认，反之则难以再认；二是当前出现的事物与过去感知过的事物相似程度，相似程度大容易再认，反之则难以再认。如多年不见的老同学，相貌举止变化小的容易再认出来，变化大的则难以再认。

为了提高再认的效果，在再认时要依据各种线索。线索可以是事物的构成特点或某一个方面，也可以是当时识记时的情境，有了记忆的线索我们可以比较顺利地进行再认。比如再认一个人，其相貌变化很人，但我们可根据其声音特点的线索把他再认出来。因为再认过程中要利用各种记忆线索，并要与当前感知的事物进行比较和分析，所以再认本身就是再现思维活动中的一个重要组成部分。

(2) 记忆过程中的重现。

重现是已经感知过的事物当前并没有出现在大脑中，但大脑却能够把它复现出来。重现是提取信息的一种高级方式。

根据重现时有无目的性，可将重现分为无意重现和有意重现；根据重现过程中是否需要借助中介物，可将重现分为直接重现和间接重现。当重现发生困难时，就需要借助中介性联想，并且可能还需要付出一定的意志努力。

古希腊的哲学家亚里士多德曾提出了3条中介性联想重现的规律：

①接近律：对一种事物的感知和回忆，能引起和它在时

间、空间位置上相接近事物的联想。例如由天安门想到人民英雄纪念碑和人民大会堂等。

②类似律：对一种事物的感知和回忆，能引起和它相类似事物的重现。例如由春天想到新生，由严冬想到冷酷。

③对比律：对一种事物的感知和回忆，能引起和它具有相反意义和相反特点事物的重现。例如由光明想到黑暗，由伟大想到渺小。

在重现过程中有时会出现这样和那样的干扰，结果导致重现无法顺利进行。发生这种情况，一般有以下两种原因：

情绪干扰：演员演出时记不起台词，学生考试时想不起熟记过的内容，都是由于紧张情绪的干扰而产生的怯场现象。出现这种情况，可以暂停重现，待情绪恢复平静之后，重现就能顺利进行。

旧的知识和经验的干扰：过去学习掌握的知识、形成的经验一般都有利于重现。但有时却会使重现不能顺利地进行。如在考试时需要重现一条计算公式，某些熟悉的公式一次次地重复出现干扰所需公式的重现，这种现象在学习中是时常会遇到的。这主要是在重现过程中出现了错误的中介性联想，或者是因为产生了联想的泛化现象。因此要克服重现过程中的干扰和错误，就要注意随时进行自我检查，验证自己重现的内容。

所以说，再认和重现是再现思维的重要组成部分，而在记忆的基础上活现原有的知识和经验并解决新的问题，是再现思维能力的重要体现。

但须指出，再现思维并非是单纯的记忆，更不是死记硬背，有时它还会和其他形式的思维活动相结合而进行创作。譬如前中宣部部长陆定一同志根据对长征的回忆写了《老山界》，鲁迅先生根据对藤野的回忆写了《藤野先生》，魏巍同志根据在朝鲜战场上的所见所闻写了报告文学《谁是最可爱的人》，还有《中国青年报》记者写的《为了六十一个阶级弟兄》，朱自清先生写的《威尼斯》，姚鼐写的《登泰山记》，等等。这些以真人真事为题材的回忆性文章、通讯、游记，以及人们在日常生活中所写的大量的记叙性文章，所采用的主要思维形式都是再现思维的形式。

◉ 门捷列夫排列元素周期表

19 世纪 60 年代末，人类已发现 60 余种化学元素。随着新发现元素的增多，给化学元素的教学也带来了困难。大学的教授讲课，今天想讲氯就讲氯，明天想讲硫就讲硫，后天想讲氮就讲氮，反正放在哪里讲都一样，没有一个知识的架构，也不存在内在的联系。当时门捷列夫担任彼得堡大学教授，为了系统教好无机化学的课程，他想编写一本《化学原埋》教科书，于是他仔细地研究各种元素的物理性质和化学性质，试图对化学元素进行系统的分类。

最初的分类工作进展很缓慢，因为完全没有一点头绪，每一次思考和分类，都需要将当时已发现的 60 余种化学元素的性质、相对原子质量等参数在头脑中复述再现一遍。后来他想到用卡片来代替这些重复的思维再现：他用一些厚纸剪成像扑克牌一样大小的卡片，然后把各种化学元素的名称、相对原子质量、

门捷列夫制作元素卡片

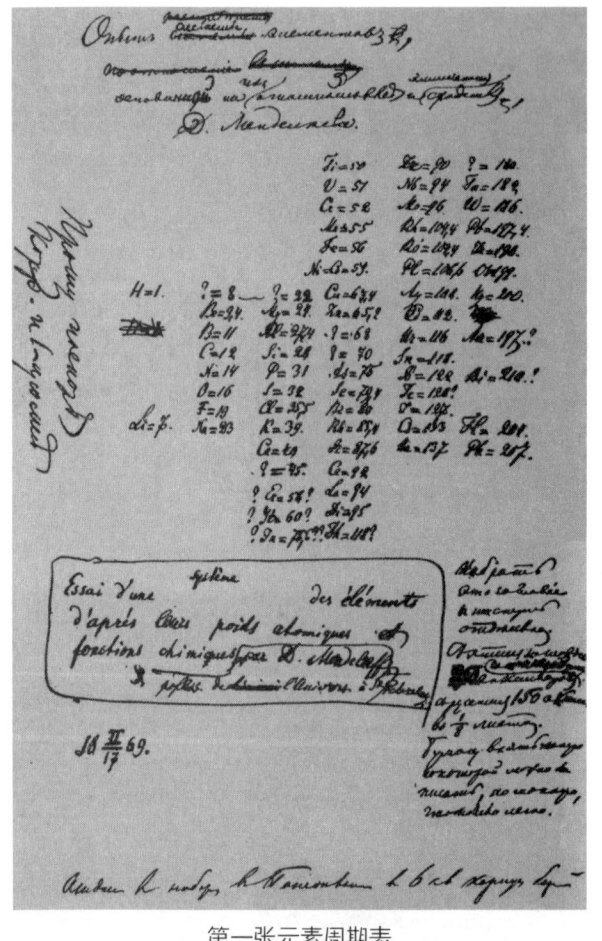

第一张元素周期表

氧化物以及各种物理性质与化学性质分别写在卡片上。这样，一个元素占一张卡片，只要拿到某一元素的卡片，它的一切信息就一目了然了。当时共有63种元素，因此，门捷列夫就写了63张卡片。

他像德贝莱纳那样，试着把元素分为3个一组，但没有理想的结果。他又试着把金属元素摆在一起，把非金属元素摆在一起，还是不行。一次又一次的尝试，始终未获得理想的结果。数个月来，这个问题一直缠绕在门捷列夫心头。

1869年2月17日晚上，门捷列夫试着按相对原子质量递增的顺序，把当时的63种元素排成几行，再把各行中性质相似的元素上下对齐。这样，所有化学元素的内在联系终于表现出来了：每一纵行化学元素的性质都相近，每一横行化学元素的性质都从金属过渡到非金属——整个元素系列呈现出周期性的变化。门捷列夫坚信自己已经触摸到了大自然的脉搏，已经发现了元素性质变化的内在规律。当他发现有些相对原子质量和它们的性质不符时，他就大胆地修订了相对原子质量；有些元素之间性质跳跃太大，他就大胆地预言了当时尚未发现的元素，并为这些元素留下空位。这种超乎常人的大胆和自信，就是源自于他对自己发现的规律深信不疑。

当晚，门捷列夫把自己的发现写在了一个旧信封上，第二天他又进行了一天的整理，最后绘制成了一个反映元素性质递变规律的图表，这就是人类历史上第一张化学元素周期表。在这个表中，周期是纵排，族是横排。他把这个周期表首先用俄文和法文印出，分寄给俄罗斯化学学会和其他一些科学家。

第一张周期表发表以后，门捷列夫并没有停止研究，又经过两年的努力，他在第一张周期表的基础上研制出第二张周期表，并于 1871 年 12 月正式发表。第二张周期表改竖排为横排，使同族元素处于同一竖行中，这样更突出了化学元素性质的周期性。此外，他还把同一族元素分为主族和副族，横排就是周期。每一族中，他把典型的氧化物和氢化物的形式写在上边。

门捷列夫的第二张周期表，最初收在他的《化学元素周期性的依赖关系》的论文中，他在文章中指出："元素（以及由元素形成的单质或化合物）的性质，周期性地随着它们的相对原子质量而改变。"——这就是后来被人们所称元素周期律的经典定义。门捷列夫的第二张周期表已非常接近现代周期表的形式。

不难看出，门捷列夫设计元素周期表所依据的指导思想是分类的思想，但他在设计的过程中所采用的思维方法，却是再现思维的方法。而他对元素卡片的使用，正是他以文字记录代替再现思维内容的诀窍。这种方法在文学创作和科学研究中也比较常见，一些文学家和科学家将某些重要的事件或材料记录在卡片上，在写作或研究时根据需要应用卡片来代替思维内容的再现。

侯德榜
（1890—1974年）

◉ "侯氏制碱法" 的诞生

侯德榜1890年8月9日生于福建闽侯，1974年8月26日卒于北京。早年考入清华大学留学预备学堂高等科——当年以10科1 000分的好成绩被录取。1913年赴美国留学，1916年毕业于美国麻省理工学院化工专业并获学士学位，1919年获美国哥伦比亚大学制革硕士学位，1921年获博士学位。

1921年10月，侯德榜应爱国实业家范旭东之邀回国，受聘待创办的永利碱厂的技师长（即总工程师）。从上任的第一天起，一道科学难题就摆在他的面前，那就是必须首先弄清楚当时世界上最先进的氨碱法制碱技术。

氨碱法制碱技术是1862年比利时人索尔维发明的。掌握索尔维制碱法的资本家为了独享此项技术成果，他们采取了严格的保密措施，因而几十年来外界对此项技术一无所知。国外一些技术专家曾想破解此项技术的秘密，但大都以失败而告终。

当时外界所知道的氨碱法制碱技术，是以食盐、氨和二氧化碳为基本原料。侯德榜就以此为线索，开始了对索尔维制碱法的研究。

首先，他利用再现思维逐一写出了这些原料混合时可能发生的化学反应：

$$NH_3 + H_2O \Longrightarrow NH_3 \cdot H_2O$$
$$CO_2 + H_2O \Longrightarrow H_2CO_3$$

$$NH_3 \cdot H_2O + H_2CO_3 == NH_4HCO_3 + H_2O$$

或 $2NH_3 \cdot H_2O + H_2CO_3 == (NH_4)_2CO_3 + 2H_2O$

显然，这里食盐没有被派上用场。他清楚知道，食盐是用来提供 Na^+ 的，他试着写出可能发生的一些反应方程式：

$$NH_4HCO_3 + NaCl == NH_4Cl + NaHCO_3$$

$$(NH_4)_2CO_3 + 2NaCl == 2NH_4Cl + Na_2CO_3$$

化学基础知识告诉他，这样的反应在溶液中是无法进行的。因为它们都属于复分解反应，复分解反应发生必须有沉淀生成，或有水生成，或有气体生成，以上两种反应均无法满足这 3 个条件之一。

侯德榜继续深入分析复分解反应发生的条件。他发现：无论是生成沉淀，还是生成水和气体，其本质都是使某种生成物脱离反应的体系，从而使反应向着离子浓度减小的方向进行。上述生成物 NH_4Cl 和 $NaHCO_3$（或 Na_2CO_3）虽然不是沉淀，但若能使其结晶析出，岂不是也能够达到同样的目的。于是他分别查阅了 NH_4Cl、$NaHCO_3$ 和 Na_2CO_3 的溶解度，发现在任意温度时 $NaHCO_3$ 的溶解度都最小。他想，如果能够

再现思维帮助侯德榜打开了思路

尽可能地提高 Na^+ 和 HCO_3^- 的浓度，让反应中 $NaHCO_3$ 达到过饱和而不断结晶析出，以下反应就应该能够实现：NH_4HCO_3 + $NaCl$ == NH_4Cl + $NaHCO_3$ ↓（结晶析出）；然后将结晶析出的 $NaHCO_3$ 加热分解，最终获得目标产物 Na_2CO_3（纯碱）是可能的：$2NaHCO_3 \xlongequal{\triangle} Na_2CO_3 + CO_2$ ↑ $+ H_2O$（$NaHCO_3$ 热稳定性很差，受热容易分解）。

思路形成了，侯德榜兴奋不已，他立即组织工程技术人员进行实验，结果实验取得了圆满成功，完全证实了他的上述构想。索尔维制碱法的秘密就这么被一个年轻的中国工程师给破解了！

接下来侯德榜便开始组织工人们进行试生产。他脱下了白领西服，换上了蓝布工作服和胶鞋，身先士卒，同工人们一起奋战。经过紧张而又辛苦的几个寒暑的试生产，侯德榜终于掌握了索尔维制碱法的各项技术要领。1924 年 8 月 13 日，亚洲第一座纯碱厂——永利碱厂正式投产运作，日产纯碱达到180 吨。两年后，1926 年永利碱厂生产的"红三角"牌纯碱在美国费城举办的万国博览会上获得了金质奖章！

侯德榜破解了索尔维制碱法的奥秘，本可以高价出售专利而大发其财，但是与范旭东一样，他主张把这一秘密公布于众，让世界各国人民共享这一科技成果。为此侯德榜继续努力工作，把制碱法的全部技术和自己的实践经验写成专著《纯碱制造》，该专著于 1933 年在美国以英文出版。一个有骨气的中国人就是这样向外界毫无保留地披露了索尔维制碱法的全部奥秘！

20 世纪 30 年代，他又领导建成了我国第一座兼产合成氨、硝酸、硫酸和硫酸铵的联合企业。1940—1960 年，他又发明了连续生产纯碱与氯化铵的联合制碱新工艺，以及碳化法合成氨流程制碳酸氢铵化肥新工艺，并使之在 20 世纪 60 年代实现了工业化和大面积推广。

1943 年，中国化学工程师学会一致同意将这一新的联合制碱法命名为"侯氏联合制碱法"，简称"侯氏制碱法"。《纯碱制造》一书也被世界各国化工界公认为制碱工业的权威著作，该著作后被相继译

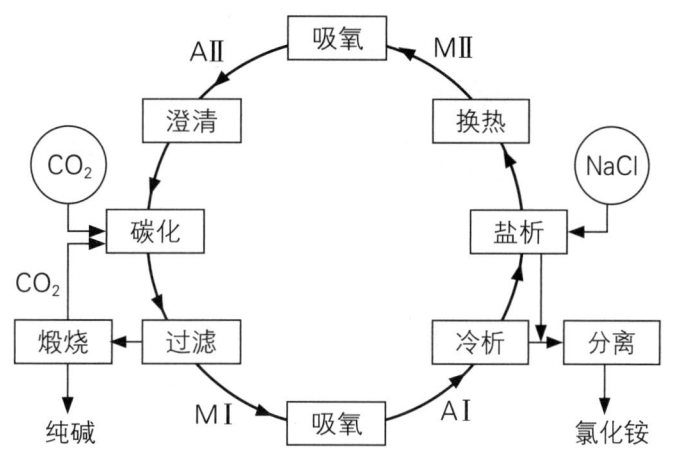

"侯氏制碱法"的结构图

成多种文字出版，对世界制碱工业的发展起到了重要作用。美国的威尔逊教授称这部著作是"中国化学家对世界文明所做的重大贡献"。

侯德榜一生在化工技术上有三大贡献：第一，揭开了索尔维制碱法的秘密。第二，创立了中国人自己的制碱工艺——联合制碱法。第三，他为发展我国的化肥工业所做的贡献。

👁《谁是最可爱的人》的创作

在我国当代文学的发展史上，首先要提到的是魏巍的报告文学《谁是最可爱的人》。在这一文中，作者以饱含深情和诗意般的笔触，报道了抗美援朝战场上惊天动地的英雄事迹，揭示了彭德怀率领的中国人民志愿军光照日月的崇高心灵，同时也歌颂了中朝两国人民深厚的血肉情谊。这一作品在当时一经发表，立刻激起了强烈的反响——它激励了朝鲜前线广大志

著名作家魏巍同志

愿军指战员的斗志，鼓舞了全国人民努力生产、支援前方的干劲。

1950 年 6 月 25 日，朝鲜半岛由于领土争端，爆发了朝鲜战争。

魏巍那时刚刚调到总政，上级派了一个小组去朝鲜了解美军战俘的思想情况，以便开展对敌政治斗争。在战俘营，魏巍接触了许多美军官兵。他说，这些美国兵多数表现出极大的厌战情绪，有不少是参加过第二次世界大战的老兵，他们打了德国打日本，本想歇歇了，可又跑来打朝鲜，挺不情愿。但也有很反动的。但不管立场如何，却都令他们感觉遇到了世界上最难对付、最不怕死的军队。我们的志愿军就是凭着一颗赤诚的爱国心，凭着勇敢，不要命地与武器装备、军事实力、综合国力远远高于我们的侵略者干了起来，是他们的鲜血把猖狂一时的美国铁老虎打成了颜面扫地的纸老虎！

完成调查任务后，魏巍给总政写了一个详尽的调查报告，本可以回国了，但他没有回，而是请求上了前线，在前沿阵地继续采访了 3 个月。在这 3 个月的时间里，他亲身感受了敌人巨炮的轰鸣，亲眼看见了战士们杀敌的无畏；他曾踏过被炮弹深翻过的阵地，他曾手握过鲜血浸透的泥土……

从朝鲜回来已经是 1951 年 2 月了，此时魏巍被调到《解放军文艺》杂志社任副主编。

人虽回到了祖国，但前方将士那不怕死的英雄气概仍然强烈地震撼着他，他急切地想让祖国人民了解自己的儿女是怎样的英勇，是怎样的顽强。经过战场的实地采访，他深刻体会到眼前的和平生活，看似平常，但却是我们的战士用鲜血换来的。

由于刚调到一个新单位，工作十分繁忙。然而，只要工作稍有闲暇，他就会想到朝鲜战场浴血奋战的志愿军战士们，特别是壮烈的松骨峰战斗

一幕幕战斗场景在脑海中频频出现

场面，使他心潮澎湃，夜不能寐：一幕幕战斗场景在脑海中频频出现，一个个鲜活的形象像电影般在眼前掠过。他说"激励得我不能不动笔！"他终于在繁忙中提起笔来。后来有学者对他当时的写作状态是这样评价的："思想感情的潮水自优美的笔端流出，奔腾激越！"

不难看出，作家魏巍完全是凭借着自己的回忆写完《谁是最可爱的人》这篇激动人心的报告文学的——这就是再现思维方法的运用。

2000 年，在纪念"志愿军出国作战五十周年"之际，《人民日报》记者采访了魏巍。谈及创作，魏巍满怀深情地说：

"《谁是最可爱的人》这个题目不是硬想出来的，而是从心底跳出来的，从情感的浪尖上蹦出来的。我能写出《谁是最可爱的人》，最根本的原因是我们战士的英

雄气概一直在激励着我。他们的英雄事迹是这样的伟大，这样的感人，把我完全感动了。"

　　"现在，回过头来看这篇稿子，使我更明确了这一点：在现实生活中的深入感受，对写作的人是多么重要！你感受得深了，写出来，也就必然有那么一股子劲，人家读了，也就感受得深；你感受得浅，人家从你这儿受到的，也就浅。你根本还没有感动呢，那就用不着说了。这儿，我还要加一句，就是深入的感受，跟深入的采访很有关系。就拿在战士中的采访来说吧，你跟他们谈得

谁是最可爱的人

深，你对他们了解得深，他们的气质、思想、感情，就会感染你，使你也沉入到他们的情绪中。也就是说，使你感受得更深些。"

"由于感受深刻，下笔如有神，一气呵成，一天多时间就完成了。稿子写好后，交给《解放军文艺》主编宋之的征求意见。宋主编看后首先被感动了，当即说：'马上送《人民日报》！'《人民日报》社长邓拓看了这篇文章十分激动，破例决定将此文放在《人民日报》头版社论位置发表。"

1951年4月11日，《人民日报》第一版头条发表了魏巍的这篇文章《谁是最可爱的人》。当时朱德同志任中国人民解放军总司令，读后连声称赞："写得好！很好！"立即报送主席，毛泽东主席阅后批示：印发全军。周恩来在1953年第二次文代会上讲话时竟推开了讲稿，对着话筒大声说："在座的谁是魏巍同志，今天来了没有？请站起来，我要认识一下这位朋友（这时，全场都望着从座位上站立起来的魏巍，热烈鼓掌），我感谢你为我们子弟兵取了个'最可爱的人'这样一个称号。"

一篇报告文学，为人民子弟兵树起一座英雄丰碑。最可爱的人和新一代最可爱的人，在当代中国已成为中国人民志愿军和中国人民解放军的代名词。《谁是最可爱的人》这篇作品，家喻户晓，流传中外，被选入全国中学《语文》课本，鼓舞、教育了几代人！

◎ 怎样写好回忆录

回忆录，顾名思义，就是回忆过去的事情，并且用文字记录下来。已经过去的事情再把它写出来，这其中既有回忆，又有文字上的创作，是典型的再现思维活动的过程。

回忆录是追记本人或他人过去生活经历和社会活动的一种文体，它具有文献的价值。在西方，很早就出现了回忆录这种文体。公元前四世纪，古希腊哲学家苏格拉底的学生色诺芬写了一本书，比较完整而忠实地记载了苏格拉底的言论和经历，书名就叫《回忆录》。这可能是历史上最早以回忆录为题名的一本书了。

在我国，撰写回忆录的历史也十分悠久。儒家经典《论语》就是一部带有回忆录性质的著作。西汉史学家司马迁的《太史公自序》可以看作是一篇回忆录文章。古人撰写的一些吊唁文章和墓志铭，也带有回忆录的性质。

到了近代和现代，回忆录这种文体有了很大的发展。对国家和民族做出过杰出贡献的伟大人物，人民将永远纪念他们。因此，与这些伟人共事过的、接触过的人，通过撰写回忆录来表达自己的崇敬心情，同时也为后人贡献宝贵的文献资料。

回忆录是一段历史的真实写照，是全面研究断代史、学术成果不可缺少的资料之一。因此，为了写好回忆录，在动笔之前需要认真做好以下准备。

(1) 列出回忆提纲。对回忆录写几个方面、写什么人物、写什么内容等，都要列出提纲。这样就能防止漏掉内容或前后颠倒。

(2) 收集素材数据。要有计划地查找历史资料，查阅相关书刊。这样不仅能开阔写作思路，而且能充实内容；收集有关数据，特别是各级统计部门提供的权威数据，一定要准确无误；整理、查找自己的日记、工作笔记、工作总结、报道资料等，为写回忆录做好准备。

(3) 查证事件背景。写回忆录可能会写重要事件，写事件就要弄清事件的背景、时间、地点、特点和当时的政策等。这些都得一一查找齐全，准确无误。

一般来说，写回忆录一般都存在时间跨度大、资料不齐全的问题，特别是写艰苦年代、战争年代的回忆录，可能当时没有记录或没有保留资料，即使有保存下来的也可能不多。因此，通过走访调查收集资料十分重要。

做走访调查，通常要做好以下 3 件事情。

(1) 开好座谈会。要深入原事件的发生地，选好调查对象，开好小型座谈会，收集当时真实、准确的原始资料，特别是人名、地名、时间、事件情节、历史背景等，都要通过听、闻、记、看、想等方法详细弄清，全面收集。只有掌握丰富的素材，才能把回忆录写得扎实、准确、生动、具体。

(2) 走访当事人。写时间较长的重大回忆录，特别是战争年代的老军人、老英雄等，要不惜代价、想方设法，专程走访当事人。通过当事人的回忆或者有关者的共同回忆，收集好第一手原始资料。

(3) 收集必要的实物。为使回忆录写得生动活泼，内容图文并茂，在收集文字材料的同时，要注意收集原始实物、照片，甚至有关文件。

材料收集好以后，选材又很重要。选材的基本原则就是抓典型事件，不要面面俱到。可以根据自己的经历详细地写出一个阶段的生活，也可写一个侧面。一般应先通盘考虑一下自己的经历，从中选出有史料价值和教育意义的材料，然后对它们斟酌审定，择其一两个典型事例作重点，同时确定出要表现的中心，再后围绕中心有层次、有重点地写。而这一两个典型材料，正是集中地表达中心的关键。一件事件中，只有通过详细地展开，对典型材料写细、写深、写透了，才能使读者对事件的主要部分有具体真切的印象。

写回忆录切忌平铺直叙。譬如写人就要突出表现人物的精神面貌、人的性格特征，而对事件全貌只需做一个简略扼要的介绍，这样通过全局与细节相结合的描述，就可把所写的人物表现得有血有肉、生动感人。同时要注意人物的真实性和亲切感，因为真实是回忆录的灵魂和生命。

回忆录的写法则比较自由、灵活，可以顺叙，也可以倒叙；可以叙事为主，也可以写人为主；既可写一个历史阶段、一个完整过程，又可截取一个片断、一个侧面；既可在叙事中包孕感情，又可以在浓重的感情里直接抒写；可写成自传体、通信体，也可写成悼文、琐记、散记；等等。

◉ 谈课堂问题情境的创设

当今课程改革提倡以自主学习为核心的探究式教学。探究式教学强调"创设问题情境"，这"问题情境的创设"，就是为了激活学生的思维，引导学生自觉地参与到课堂的探讨中去。而在激活思维活动的过程中，再现思维首当其冲。

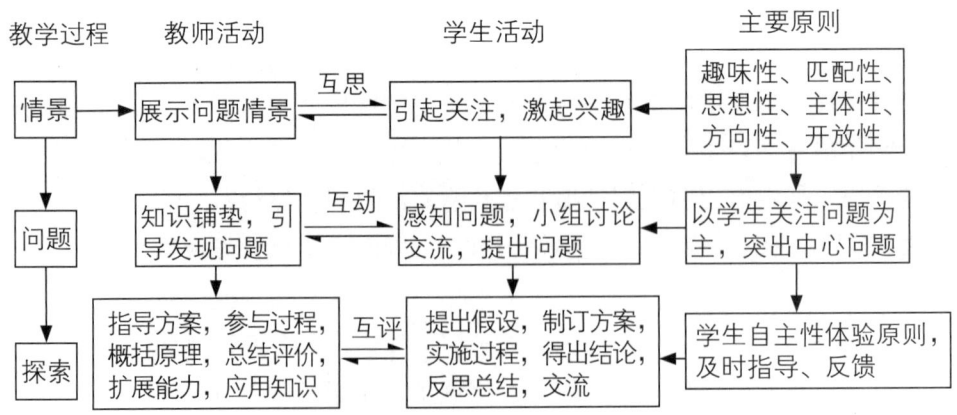

探究式教学中课堂问题情景的创设

创设问题情境的方法很多，一般来说可从以下 5 个方面入手。

(1) 利用实验创设问题情境。

实验是学习自然科学知识、完成科学探究过程的重要方法和手段，也是一项让学生觉得兴趣盎然的动手实践活动。创设实验情境，理科课程有着得天独厚的条件。实验中通常准备多种备选实验药品和器材，让学生在操作过程中自发地产生对科学现象探索的兴趣，渴求找到解决问题的办法。利用实验创设问题情境时，应该突出实验的科学性、趣味性和可操作性。

(2) 利用现代教育技术创设问题情境。

在信息时代的今天，把计算机多媒体技术引入学校课堂教学是实现教育现代化的一个重要内容，且应用越来越广泛。计算机多媒体技术能创设逼真的教学环境、动静结合的教学图像、生动活泼的教学气氛，因而它能充分调动学生的积极性，给学习者带来一种全新的学习情境和认知方式。在多媒体技术创设问题情境的过程中，教师要发挥主导作用，要合理运用，尽可能逼真，并增强视觉的观赏效果。

(3) 利用故事创设问题情境。

有教育家曾说过，故事是儿童的第一大需要。教师要迎合学生的年龄特点，适时创设趣味性、启发性的故事情境，这样就可以极大地吸引学生注意，并由故事想象形成问题的情境。事实是最好的教材。学科教材中一些名人

多媒体教学

轶事、科学发现事例，都是真实可信的故事，很容易唤起学生情感上的共鸣，促使他们去追踪科学家的思想，去体验创造发明的心境。故事的选择不应该仅限于课本，还可以从其他资源中获取。故事情境的创设要注意内容精要且生动有趣。

(4) 利用游戏创设问题情境。

鲁迅先生说："游戏是儿童最正当的行为，玩具是儿童的天使……游戏即生活。"在课堂教学中，教师根据学生心理特点和教材内容，设计各种游戏、创设教学情境，以满足学生爱动好玩的心理，产生愉快的学习氛围。在游戏活动中可以引导学生自主地发现某种自然现象，学习科学知识，锻炼科学探究能力。教师在设计游戏时应更好地挖掘游戏本身的内在潜能，使其发挥更好的教育作用。

(5) 利用日常生活现象创设问题情境。

在学生的日常生活中经常会接触到一些科学现象，有的是学生看得见、摸得着，甚至亲身经历过的，如雷电、彩虹等；有的现象出乎意料，学生倍感神奇，如极光、海市蜃楼等。这些自然现象都蕴藏着科学知识，是教学研究的第一素材。以这些自然现象来引导学生回忆思考、开拓学生思路，能充分调动其再现思维活动的积极性，使学生的认识从感性阶段上升到理性阶段。

综上所述，无论是利用实验、利用现代教育技术、利用故事、利用游戏、利用日常生活现象创设问题情境，实际上都是帮助学生建立中介联想，活跃记忆，促成知识的再认和重现，同时它也能有效地提高和发展学生再现思维的能力。

◉ 谈课后复习的"复述反思"

学生在校的课堂学习，主要是通过视觉和听觉来获得对新课内容的感知。虽然在听和看的过程中也有思维的参与，也有理解和应用，但毕竟受到一定的时空条件限制，其思维和理解是初步和肤浅的。要真正掌握新课知识，还需要进一步的思考和理解，这就需要创设一种时间和空间上所允许的条件，这种条件就是课后复习。

课后复习中的复述反思

课后复习通常包括以下四步：①复述反思；②精读课文；③整理笔记；④选读教参。在这4个步骤中，复述反思就是一种以再现思维为主的学习和智慧活动，因此这里我们就结合再现思维的特点，谈谈复述反思的过程与方法。

一般课后复习是在新课学习后的当天进行的，复习时对课文内容基本上是熟悉的，因此开始复习时先不要急于去翻书，静下心来，独立地把课堂所学的新课内容回想一遍，即俗话说的"过电影"，这就是所谓的复述反思。

复述反思应从自己印象最深刻的新课内容的"支柱"和"骨架"部分开始，可用笔简要记下来，先有一个复述提纲，这样做虽然只有几分钟时间，但却很重要。因为抓住了知识的"骨架"，也就抓住了回忆与思考的线索，然后就可以向知识的细节部分展开。

对于一个课堂学习效率高、课前又有预习习惯的同学，这时"过电影"的情节是比较连贯的，而且思维流畅。但许多同

学可能达不到这种境界，"过电影"常常是不连贯和不流畅的，这时可用笔将出现问题的地方记下来，继续回忆后面的内容。复述完成以后，根据回忆中出现问题的多少，可以判断当天课堂学习的效果，它一方面提示自己要在后续学习活动中有针对性地解决这些已发现的问题，另一方面也可促使自己分析出现这些问题的原因，及时加以改进。

复述反思有时可能出现思路的中断，使回忆无法进行。这时可以打开课本或笔记本，借此提供有关的线索，但仍不要急于去看书。开始复习时直接去看书，虽然的确比复述反思要轻松和省事，但这种复习不会留下深刻的印象，理解的层次也不高，因而效果不会好。新学内容没进行复述反思就去翻书，常常是看时明白放下就忘——因为它没有进行记忆的强化和理性的思考。

这就是说，复述反思本身也是一个思考与记忆的过程。每一次复述都需要将刚刚识记的内容再现一次，每一次再现都使新课知识得到一次强化与巩固。对于某些具体事物的复述，有时可产生联想并在头脑中加工使之形象化。如复述生物课的"消化过程"：可想象一块食物被咀嚼，然后进入胃肠，再被分解和吸收。这种形象化的思维再现不仅强化了记忆，而且也加深了自己对新课知识的理解。

同时，复述反思中出现的问题也提高了后续整理笔记的针对性。那些发现的问题要么是新课的难点，要么是自己学习中的薄弱环节，这样你在其后的复习中便会有的放矢地去重点阅读和加强理解，从而把复习的力量真正用到了刀刃上。

因此，复述反思不仅可以检验课堂学习的效果，发现问题，有针对性地思考，同时也深化和巩固了对新知识的理解与记忆。

3　发散思维法

　　发散思维的概念最早是由美国心理学家武德沃斯丁 1918 年提出的，以后斯皮尔曼和卡推尔都曾研究过，但最后明确论述这一概念的，却是美国心理学家吉尔福特。吉尔福特认为，发散思维具有创造性思维的重要特点，是测定思维创造性的主要标志，许多创造发明都是借助于发散思维而获得的。

👁 多向发散的思维方法

　　发散思维又称辐射思维、放射思维、多向思维、扩散思维或求异思维，它是一种不依常规、寻求变异、从多个方面探索问题答案的思维方式；它是在思考时自觉地打破已有的思维定式、思维习惯或以往的思维成果，在事物的各种巨大差异之间建立"中介"，突破经验思维束缚的一种思维方法。也就是说，发散思维是从同一来源材料、同一问题起点去探求多种不同答案；从不同的方向、不同的途径和不同的角度去设想的展开性

思维。在这一思维过程中，它要求人的思想向四方扩散，无拘无束，海阔天空，甚至是异想天开！

由于思维的发散，它打破了原有的思维格局，提供了新的认识结构、新的点子、新的思路、新的发现、新的创造，或者说提供了一切新的东西。特别是对于创造者来说，它可以提供一种全新的思考问题方式。因此，发散思维是创造活动中既重要而又必须发生的第一步。

20 世纪 50 年代以后，人们通过对思维多向性的研究，提出了发散思维的流畅度（指发散的量）、变通量（指发散的灵活性）和独特性（指发散的新奇成分）3 个纬度。这里，我们就根据这 3 个维度，提出发散思维的"三性"特点：

(1) 流畅性：指在尽可能短的时间内生成并表达出尽可能多的思维观念，并且能够较快地适应、消化新的思想和观念。它是一种观念的自由发挥，反映的是思维发散的速度和数量特征。

(2) 变通性：指克服头脑中某种自己设置的思维框架，变通地按照某一

发散思维

多向辐射的思维方法

概念

特性
(1) 流畅性：思维发散的速度和数量
(2) 变通性：丰富的多样性和多面性
(3) 独特性：独特的思想或独到的见解

类型
(1) 一般发散法
①材料发散
②功能发散
③结构发散
④形态发散
⑤组合发散
⑥方法发散
⑦因果发散
(2) 假设推测法：以主观假设的问题进行想象和推测
(3) 集体发散法：集思广益，属于社会性思维

意义
发散思维是创造活动中必须发生的第一步

什么是发散思维

新的方向去思考问题。它需要借助横向
类比、跨域转化、触类旁通，使思维的
发散沿着不同的方面和方向进行，因而
表现出极其丰富的多样性和多面性。

（3）独特性：指思维发生时表现出某
些独特的思想或独到的见解，或者说是
对刺激做出非同寻常的反应，具有标新
立异的成分。独特性是发散思维的最高
目标。

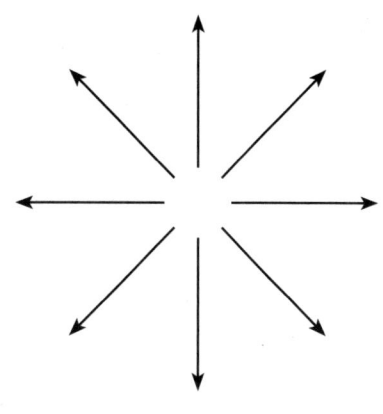

思维发散示意图

研究发现，在发散思维的发生过程
中，常常需要多感官的参与，不仅运用
到视觉和听觉思维，而且可能利用一切感官接收和加工信息。
另外，发散思维还与人的情感相关，如果在思维活动中能激发
兴趣，产生激情，对信息赋予情感的色彩，往往能进一步激活
人的思想，产生意想不到的思维成果。

发散思维的形式和方法是多样的，根据发散思维的功能、
形态、内容和过程，人们通常将其划分为一般发散法、假设推
测法和集体发散法 3 种类型。

一般发散法可分为以下 7 种情形。①材料发散法：以某
种物品尽可能多的材料为发散点，设想它的多种用途；②功能
发散法：从某事物的功能出发，构想出获得该功能的各种可能
性；③结构发散法：以某事物的结构为发散点，设想出利用该
结构的各种可能性；④形态发散法：以事物的形态为发散点，
设想出利用某种形态的各种可能性；⑤组合发散法：以某事物
为发散点，尽可能多地把它与别的事物进行组合而形成新的事
物；⑥方法发散法：以某种方法为发散点，设想出利用该方法
的各种可能性；⑦因果发散法：以某事物发展的结果为发散

点，推测出造成该结果的各种原因，或者由原因推测出可能产生的各种结果。

假设推测法是利用主观假设的问题进行想象和推测，假设的问题不论是任意选取的，还是有所限定的，所涉及的都应当是与事实相反的情况，是暂时不可能的或是现实不存在的事物对象和状态。由假设推测法得出的观念可能大多是不切实际的、荒谬的、不可行的，但这并不重要，重要的是有些观念在经过转换后，可以成为合理的、有用的思想。

集体发散法是一种社会性思维，即发散思维时不仅用上自己的全部大脑，有时候还需要用上我们身边的无限资源，集思广益。集体发散法可以采取不同的形式，比如我们常常戏称的"诸葛亮会"。

发散思维也有多种分类方法，譬如根据思维的进程和方向，人们可以将其分为立体思维、平面思维、顺向思维、逆向思维、横向思维、纵向思维、侧向思维（也称旁通思维）、多路思维和组合思维，等等。这些种发散思维的方法都是在解决问题的过程中经常会遇到的。

具有发散思维的人，在解决问题时往往通过多方位思考，将思路扩展开来，而不是局限事物的某一方面，因而使他们能够发现别人发现不了的事物和规律。就如美国心理学家吉尔福特所说的那样，"正是在发散思维中，我们看到了创造性思维的最明显的标志"。

👁 一枚回形针的用途

一枚回形针（曲别针）究竟有多少种用途？你能说出几种？十种，几十种，还是几百种？

也许你会说一枚回形针不可能有那么多的用途。但我要告诉你，这正说明你的思维不够开阔，没有发散。下面这个关于回形针的故事告诉你的不只是回形针的用途，更是一种思维方法。

在一次有许多中外学者参加的如何开发创造力的研讨会上，日本一位创造力研究专家应邀出席了这次研讨活动。

面对这些创造性思维能力很强的学者同仁，风度翩翩的村上幸雄先生捧来一把回形针，然后说道："请诸位朋友动一动脑筋，打破框框，看谁能说出这些回形针的有多少种用途，看谁的创造性思维开发得好，谁的点子又多又奇特！"

大家讨论回形针有多少种用途

片刻，一些代表踊跃回答：

"回形针可以别相片，可以用来夹稿件、讲义。"

"纽扣掉了，可以用回形针临时替代……"

七嘴八舌，说了十几种，其中较奇特的是把回形针磨成鱼钩，可用来钓鱼，因此引来一阵笑声。

村上幸雄对大家在短时间内讲出十几种回形针的用途，很是称道。

人们问："村上先生您能讲多少种？"

村上先生一笑，伸出 3 个指头。

"30 种？"村上先生摇头。

"300 种？"村上先生点头。

人们惊异，不由得佩服这人聪慧敏捷的思维，但也有人表示怀疑。

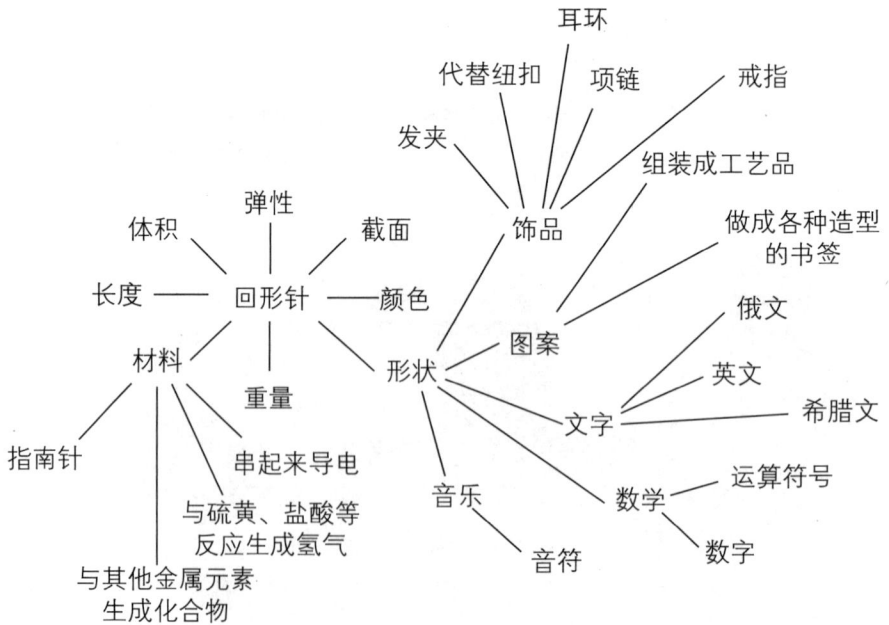

借助于信息标列举出回形针的用途

　　村上先生紧了紧领带，扫视了一眼台下那些不信任的眼光，用幻灯片映出了回形针的用途……

　　这时，只见中国的一位以"思维魔王"著称的怪才许国泰先生向台上递了一张纸条。纸条上说："对于回形针的用途，我能说出 3 000 种，甚至 3 万种！"

　　邻座对他侧目："吹牛不上税，真狂！"

　　第二天上午 11：00，他揭榜应战，走上了讲台，他拿着一支粉笔，在黑板上写了一行字：村上幸雄回形针用途求解。原先不以为然的听众一下子被吸引过来了。

　　"昨天，大家和村上先生讲的用途可用 4 个字概括，这就是钩、挂、别、联。要启发思路，使思维突破这种格局，最好的办法是借助于简单的形式思维工具——信息标与信息反应场。"

　　他先把回形针的总体信息分解成重量、体积、长度、截面、弹性、直线、银白色等十多个要素。然后把这些要素用根标线连接起来，形成一根信息标。再把与回形针有关的人类实践活动要素一起分析，连成信息标，最后形成信息反应场。这时，现代思维之光射入了这枚平常的回形针，它马上变成了孙悟空手中神奇变幻的金箍棒……他从容地将信息反应场的坐标不停地交叉组合。

　　通过两轴推出一系列回形针在数学中的用途，如回形针分别做成 1、2、3、4、5、6、7、8、9、0，再做成 +、−、×、÷ 的符号，用来进行四则运算，运算出数量，可产生 1 000 万、1 亿或更多的数值；而在音乐上则可以创作出众多的曲谱。回形针可做成英、俄、希腊等外文字母，用来进行拼读；回形针可以与硫酸、盐酸等反应生成氢气；可以用回形针作指南针；可以把回形针串起来导电；回形针是铁元素构成，铁与铜

化合是青铜，铁与不同比例的几十种金属元素分别化合，生成的化合物则是成千上万……实际上，回形针的用途几乎近于无穷！他在台上讲着，台下一片寂静。与会的人们被"思维魔王"深深地吸引着。

其实，许国泰先生在这里运用的方法就是发散思维法。

具有发散思维的人，他们在观察事物时，往往通过各种联想或想象，将思路扩展开来，而不是仅仅局限于事物本身，因此，他们就能发现别人发现不了的事物，并可能揭示出事物运动和变化的某些规律。

👁 一支铅笔的故事

在美国纽约的里士满区，有一所由贝纳特牧师创立的穷人学校。1983 年，一位名叫普热罗夫的捷克籍法学博士来到该校实习，他在做毕业论文时发现，50 多年来，该校出来的学生在纽约警察局的犯罪记录最低。

这一统计数据引起了普热罗夫的注意，它是一个偶然现象还是一种必然结果？普热罗夫决定将这一问题作为自己的毕业论文选题，于是展开了漫长的社会调查活动。

他首先收集相关信息，凡是在该校学习和工作过的人，只要能打听到他们的住址或信箱，普热罗夫都要给他们寄出一份调查表。调查表的提问只有一条，就是：圣•贝纳特学院教会了你什么？

普热罗夫在将近六年的时间里，发出了近万份问卷，共收回 3 756 份答卷。在这些答卷中，出人意料的是，有 74% 回收答卷上的答案：他们知道了一支铅笔有多少种用途。

普热罗夫看到这份出乎意料的答案后，决定就此为线索，立即开展更加深入的调查和研究。他首先走访了纽约市最大的

贝纳特牧师教会了我们一支铅笔有多少种用途

一家皮货商店的老板，这位老板就是圣·贝纳特学院早期的学生。

老板说："是的，贝纳特牧师教会了我们一支铅笔有多少种用途。我们入学的第一篇作文就是这个题目。当初，我认为铅笔只有一种用途，那就是写字。谁知铅笔不仅能用来写字，必要时还能用来当作尺子画线，还能作为礼品送人表示友爱，还能当作商品出售获得利润。铅笔的铅芯磨成粉后可作润

滑剂，演出时也可临时用于化妆；削下的木屑还可以做成装饰画；一支铅笔按相等的比例锯成若干份，还可以做成一副象棋；可以当作玩具的轮子。在野外有险情时，铅笔抽掉芯还能用作吸管喝石缝中的水；在遇到坏人时，削尖的铅笔还能作为自卫的武器……总之，一支铅笔有无数种用途。"

普热罗夫问这位老板：知道了一支铅笔的用途，对你们这些学生来说，究竟产生了什么样的影响呢？

老板继续说："它让我们这些穷人的孩子明白，有着眼睛、鼻子、耳朵、大脑和手脚的人更有无数种用途，并且任何一种用途都足以使我们生存下去！"

普热罗夫听了这位老板的谈话，他已经开始明白这其中的缘由及他所做调查的意义。后来他又采访了一些圣·贝纳特学院毕业的学生，发现他们无论职位高低，无论富贵或贫穷，当时都有一份职业，并且都生活得非常乐观。

普热罗夫再也按捺不住这一调查结果给他带来的兴奋。调查一结束，他立即完成了自己的毕业论文，并且放弃了已经准备在美国做律师的想法，匆匆登上了回国的班机。

回到自己的祖国，他谢绝了一家大型律师事务所的聘请，决定到一个普通企业从最基础的工作开始做起。就像圣·贝纳特学院的学生那样，他时时以"一支铅笔的故事"激励自己，他自感生活和工作非常充实，家庭生活也十分圆满。当我们写这个故事时，普热罗夫已经是捷克最大的一家网络公司的总裁。

的确，教育对人的影响往往是巨大的，并且是潜移默化的。从学生们对一支小小铅笔用途的发散性思维，竟然使所有学生形成了一种生活观念，并整个影响了学生们的一生！

爱迪生寻找灯丝材料

在电灯问世以前，人们普遍使用的照明工具是煤油灯或煤气灯。这种灯因燃烧煤油或煤气，有着浓烈的黑烟和刺鼻的臭味，并且要经常添加燃料，擦洗灯罩，使用起来很不方便。更为严重的是，煤油灯很容易引起火灾，酿成大祸。多少年来，很多科学家想尽办法，想发明一种既安全又方便的电灯。

早在 1821 年，英国的科学家戴维和法拉第就发明了一种叫电弧灯的电灯。这种电灯用炭棒作灯丝，它虽然能发出亮光，但是光线刺眼，耗电量大，寿命也不长，因此很不实用。

1878 年 9 月，爱迪生决定向电力照明这个堡垒发起进攻。他翻阅了大量的有关电力照明的书籍，决心制造出价钱便宜、经久耐用且安全实用的电灯。

托马斯·阿尔瓦·爱迪生
（1847—1931 年）

他从白热灯着手试验。把一小截耐热的东西装在玻璃泡里，当电流把它烧到白热化的程度时，便由热而发光。他首先想到炭，于是就把一小截炭丝装进玻璃泡里，刚一通电可马上就断裂了。"这是什么原因呢？"爱迪生拿起断成两段的炭丝，再看看玻璃泡，过了许久，才忽然想起，"噢，也许因为这里面有空气，空气中的氧又帮助炭丝燃烧，致使它马上断掉！"于是他用自己手制的抽气机，尽可能地把玻璃泡里的空气抽掉。一通电，果然没有马上熄掉，但 8 分钟后，灯还是灭了。爱迪生终于明白，

关键还是炭丝，问题的症结就在这里。

那么应选择什么样的耐热材料好呢？爱迪生左思右想，熔点最高、耐热性较强要算白金了。于是，爱迪生和他的助手们用白金试了好几次，可这种熔点较高的白金，虽然使电灯发光时间延长了好多，但不时要自动熄掉再自动发光，仍然很不理想。爱迪生接着又试用了钡、钛、铟等多种稀有金属，但效果均不是很理想。

爱迪生总结了前面多次实验的经验，他干脆把自己所能想到的各种耐热材料全部写下来，总共罗列了 1 600 余种，然后分门别类地开始试验，甚至连马的鬃，人的头发和胡子都拿来当灯丝试验。可试来试去，还是采用白金最为合适。由于改进了抽气方法，使玻璃泡内的真空程度更高，灯的寿命已延长到 2 小时。但这种由白金为材料做成的灯，价格太昂贵了，谁愿意花这么多钱去买只能用 2 小时的灯泡呢？

实验工作陷入了低谷，爱迪生非常苦恼，一个寒冷的冬天，爱迪生在炉火旁闲坐，看着炽烈的炭火，口中不禁自言自语道："炭炭……"但用木炭做的炭条已经试过，不能解决问题，那该怎么办呢？爱迪生感到浑身燥热，顺手把脖子上的围巾扯下，看到这用棉纱织成的围脖，爱迪生脑海突然萌发了一个念头：对！棉纱的纤维比木材的好，能不能用这种材料？他急忙从围巾上扯下一根棉纱，在炉火上烤了好长时间，棉纱变成了焦焦的炭，他小心地把这根炭丝装进玻璃泡里，一试验，效果果然不错。

爱迪生非常高兴，紧接又制造了很多棉纱做成的炭丝，连续进行了多次试验。灯泡的寿命一下子延长到 13 小时，后来又达到 45 小时。

此时爱迪生心中已经有数。他根据棉纱的性质，决定从植物纤维这方面去寻找更好的材料。于是，他又采用思维发散的方式，把自己能够想到的所有植物纤维都罗列出来，经过逐一筛选，爱迪生最后选上了竹这种植物纤维。他在试验之前，先取出一片竹子，用显微镜观察，发现竹子纤维粗而有强度，正好符合做灯丝的要求。于是，他把炭化后的竹丝装进玻璃泡，通上电后，灯泡果然发出明亮的黄光。他持续进行通电实验，这种竹丝灯泡竟连续不断地亮了 1 200 小时！——从此，白炽电灯泡诞生了。

竹丝灯用了好多年，直到 1906 年，爱迪生又改用金属钨来做灯丝，使灯泡寿命进一步延长，钨丝灯泡一直沿用到今天。爱迪生的名字也从此被铭刻在电灯发明的史册上了。

👁 逆向思维带来的发明

1877 年 8 月的一天，美国大发明家爱迪生为了调试电话的送话器，在用一根短针检查话膜的振动情况时，意外地发现了一个奇特的现象：手里的针一接触到传话膜，随着电话所传来声音的强弱变化，传话膜产生了一种有规律的颤动。这个奇特的现象引起了他的思考。他想：如果倒过来，使针发生同样的颤动，不就可以将声音复原出来，不也就可以把人的声音贮存起来吗？

循着这样的思路，爱迪生着手试验。经过四天四夜的苦战，他完成了留声机的设计。爱迪生将设计好的图纸交给机械师克鲁西后不久，一台结构简单的留声机便制造出来了。爱迪生还拿它去当众做过演示，他一边用手摇动铁柄，一边对着话筒唱道："玛丽有一只小羊，它的绒毛白如霜……"然后，爱迪生停下来，让一个人用耳朵对着受话器，他又把针头放回原来的位置，再摇动手柄，这时，刚才的歌声又在这个人的耳边响了起来。

留声机的发明，使人们惊叹不已。报刊纷纷发表文章，称赞这是继贝尔发明电话之后的又一伟大创造，是 19 世纪的又一个奇迹。

爱迪生的成功，就在于他有了这样一种互为因果的思路：声音的强弱变化使传话膜产生了一种有规律的颤动，如果倒过来，使针发生同样的颤动，就可以将声音复原出来，因而也就可以把声音贮存起来。

爱迪生使用的正是逆向思维的方法。类似的，法拉第电磁感应定律的提出，使用的也是逆向思维的方法。

迈克尔·法拉第
（1791—1867 年）

1820 年，丹麦哥本哈根大学物理学教授奥斯特，通过多次实验证实存在电流的磁效应。这一发现传到欧洲大陆后，吸引了许多人参加电磁学的研究。英国物理学家法拉第怀着极大的兴趣重复了奥斯特的实验。果然，只要导线通上电流，导线附近的磁针立即会发生偏转，他深深地被这种奇异现象所吸引。当时，德国古典哲学中的辩证思想已传入英国，法拉第受其影响，认为电和磁之间必然存在联系并且能相互转化。他想既然电能产生磁场，那么磁场也应该能产生电。

为了使这种设想能够实现，他从 1821 年开始做磁产生电的实验。多次实验都失败了，但他坚信，从反向思考问题的方法是正确的，并继续坚持这一思维方式。

　　10 年后，法拉第设计了一种新的实验，他把一块条形磁铁插入一只缠着导线的空心圆筒里，结果导线两端连接的电流计上的指针发生了微弱的转动，电流产生了。随后，他又做了多种方式的实验，如两个线圈相对运动，磁作用力的变化同样也能产生电流。

　　法拉第 10 年不懈的努力并没有白费，1831 年他终于提出了著名的电磁感应定律，并根据这一定律发明了世界上第一台发电装置。如今，他的这一定律正深刻地改变着我们的生活。

　　爱迪生发明留声机和法拉第发现电磁感应定律，都是运用逆向思维的重大收获。通常来说，当正向思路行不通时，应该从原有的思路返回，再从与之相反的方向去寻找解决难题的办法。科学的实践证明，逆向思维是一种研究问题的重要方法，它对于培养人的创造力及解决实际问题的能力有着特殊的意义。

◉ 电解的发明与应用

　　1799 年意大利物理学家伏打发明了将化学能转化为电能的电池，使人类第一次获得了可供实用的持续电流。这一发现立即引起了英国化学家的尼科尔逊和卡里斯尔的注意，他们想既然化学能可以转变成电能，那么，反过来电能也应该能转变成化学能。于是，他们立即展开了利用电能制备化学物质的实验。1800 年，两人的合作研究取得了成果，他们采用伏打电池对水进行电解，成功地分解出氢气和氧气。

　　但遗憾的是，两人没有继续研究下去，把本可以成为他们求异思维的系列研究成果，拱手让给了更善于深入思考的戴维先生。

　　1801 年初，英国化学家戴维当时还在伦敦皇家科普协会

汉弗莱·戴维
（1778—1829 年）

实验室做化学助教，当他得知尼科尔逊和卡里斯尔成功电解水的实验后，他想，电既然能分解水，那么对于盐溶液、固体化合物会产生什么作用呢？于是，他也开始研究各种物质的电解实验。首先他很快地熟悉了伏打电池的构造和性能，并组装了一个特别大的电池用于实验。然后他针对拉瓦锡认为苏打、木灰一类化合物的主要成分尚不清楚的看法，选择了苛性钾作为第一个研究对象。

开始他将苛性钾制成饱和水溶液进行电解，结果在电池两极分别得到的是氧气和氢气，加大电流强度仍然没有其他收获。在仔细分析原因后，他认为是水从中作祟。随后他改用熔融的苛性钾，在电流作用下，熔融的苛性钾发生明显变化，在导线与苛性钾接触的地方不停地出现紫色火焰。这产生紫色火焰的未知物质因温度太高而无法收集，但经过反复实验，戴维终于找到了收集这种新物质的方法。

在 1807 年皇家学会的学术报告会上，戴维是这样介绍的：将一块纯净的苛性钾先露置于空气中数分钟，然后放在一特制的白金盘上，盘上连接电池的负极。电池正极由一根白金丝与苛性钾相接触。通电后，看到苛性钾慢慢熔解，随后看到正极相连的部位沸腾不止，有许多气泡产生，负极接触处，只见有形似小球、带金属光泽、非常像水银的物质产生。这种小球的一部分一经生成就燃烧起来，并伴有爆鸣声和紫色火焰，剩下来的那部分的表面慢慢变得暗淡无光，随后被白色的薄膜所包裹。这小球状的物质经过检验，知道它就是我所要寻找的物质。

通过实验，戴维进一步认识到，这种物质投入水中，沉不下去，而是在水面上急速游动，并发出咝咝响声，随后就有紫色火花出现。这些奇异的现象使他断定这是一种新的元素，它比水轻，并使水分解而释放出氢气，紫色火焰就是氢气在燃烧。由于这种物质是从木灰中提取的，故他将其命名为钾。

对于木灰电解成功，使戴维对电解制备物质的方法更有信心了，紧接着他采用同样方法电解了苏打，获得了另一种新的金属元素。由于这元素来自于苏打，故他将其命名为钠。

连续 6 个星期的紧张实验，把戴维累得形容枯槁，两眼窝凹，脸色苍白，但他还是以坚强的毅力坚持着。1807 年 11 月 19 日，他支撑着身体在学术报告会上介绍了发现钾、钠两元素的经过。暴风雨般的掌声和热烈的祝贺，使戴维感到非常幸福。但当他回到家中时，病魔终于把他击倒。操劳过度招来的热病使他在死亡的边缘挣扎了 9 个星期。由于公众的关心和医生的日夜看护治疗，他的病情终于好转了。

但疾病丝毫也没挫减他的锐气和热情。当身体稍好

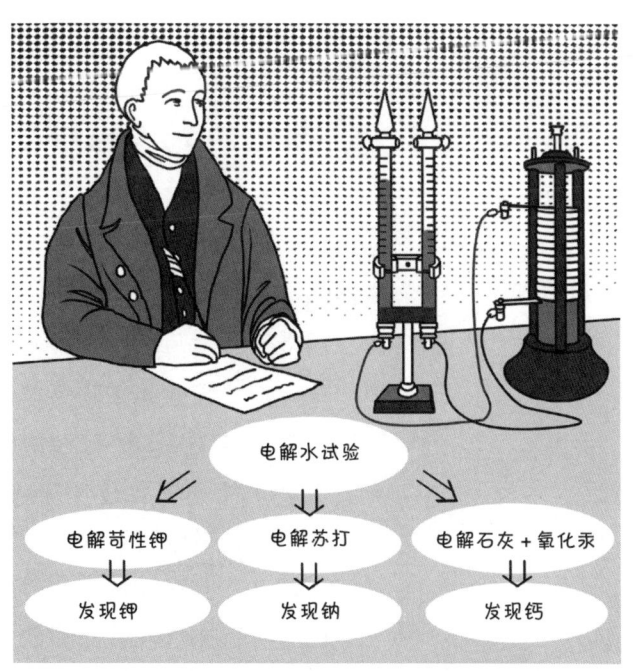

电化学实验之花在戴维手中结出了丰硕的果实

一点，他又来到实验室，开始新的攻关。从 1808 年 3 月起，他进而对石灰、苦土（氧化镁）等进行电解，开始时他仍采用与电解苏打的同样方法，但是毫不见效；他又采用了其他几种方法，仍未获得成功。这时瑞典化学家贝采里乌斯来信告诉戴维，他和篷丁曾对石灰和水银混合物进行电解，成功地分解了石灰。根据这一提示，戴维将石灰和氧化汞按一定比例混合电解，成功地制取了钙汞齐，然后加热蒸发掉汞，得到了银白色的金属钙，紧接着又制取了金属镁、锶和钡。

电化学实验之花在戴维手中结出了丰硕的果实。短短的几年时间里，戴维通过电解的方法，先后发现了钾、钠、钙、镁、锶、钡、硼这七种元素。1807 年戴维被推选为英国皇家学会秘书，1820 年出任皇家学会会长。由于戴维的帮助，法拉第进入皇家科普协会实验室工作，使其由一个贫穷的订书工变成了戴维的助手，最后成长成为一名伟大的科学家。

与他人交流碰撞出智慧

智慧与智慧交换，能得到更多、更有效的智慧。与他人交换想法，你会从中获得意想不到的启发，这也是有效利用发散思维的一种办法，即集体发散法。

一位发明家曾经讲过这样一个故事：

有一家工厂的冲床因为操作不慎经常发生事故，以至于多名操作工手指致残。为了解决这一问题，技术人员设计了多种方案，其功能就是要让冲床在操作工的手接近冲头时自动停车。他们先后采用红外线超声波、电磁波构成的许多复杂的检测控制系统，但都因为成本高或性能不可靠等而被迫放弃了。

正当所有技术人员都感到一筹莫展时，有一个技术员想到了与操作工交流，他带着自己的想法和操作工一块儿讨论，大家七嘴八舌，你一个点子、我一个想法，围绕避免事故这一中心，大家的建议就像放射性的线一样，射向四面八方，每一条线就是一种不同的方法。工夫不负有心人，他最终确定了一个方案：让操作工坐在椅子上操作，在椅子两边扶手上各装一个开关，只有它们同时接通时，冲床才能启动。

这就是说，操作工在进行手工操作时冲床是不会启动的，只有当两手都在椅子扶手上时，冲床才会启动运行。这样一来，怎么还会发生事故呢！

就这么交换一下想法，在操作工的发散性建议中挑选出一个最佳方案，原本看似复杂的设计，这么简单就解决了。

杨振宁说：当代科学研究，不仅要充分挖掘个人智慧，而且还要积极倡导一种团队智慧，各学科、各门类的人才坐在一起，实行智慧的大融合、大交流、大碰撞，这样才能实现团队智慧的最优化。他的这种观点可谓一针见血。美国的硅谷聚集了那么多高科技企业，那么多科技精英，大家"扎堆"的目的就是近距离地搭建一个交流平台，在信息大融合中，实现信息共享、智慧共享。

查利·奥古斯丁·库仑
（1736—1806 年）

许多人都知道库仑定律。据说库仑早年是一位工程师，对电荷之间的相互作用力很感兴趣，想找出它们的规律，但苦于无法测量这种微小的作用力。

　　一天，他到乡下看见一个农妇在用棉花纺线，便和农妇交谈起来。棉花经过纺车便变成了细细的纱线，他觉得妙不可言。他随手抽断一根刚纺制成的纱线，拿到眼前细看，注意到纱的接头总是向相反的方向卷曲，拧得越紧，反卷的圈数就越多。这使库仑受到了启发，他意识到，根据纱线卷曲的程度可以度量扭力的大小，那是否可以用同样的原理来测量电荷之间的作用力呢？

　　回到巴黎以后，库仑立即做了一杆利用细丝扭转角度测量力矩的秤，这种秤极为灵敏，他用这支秤，成功完成了电荷作用力及距离与电量的关系的测量，使他很快地提出了著名的库仑定律。

　　一个物理学家和一个农妇之间似乎不会有什么共同语言，然而，科学家与普通人之间的差别比我们想象的要小，两者的交流，其实只是行业和性质的差别。事实证明，不同行业的交流具有极大的互补性，促使思维可以向更多的方向发散，得到更多的创造性思维，以利于问题的解决。

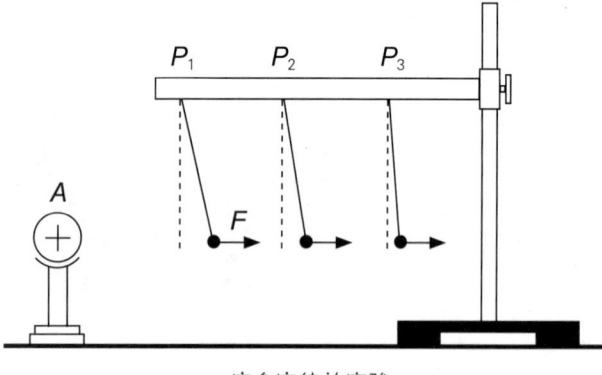

库仑定律的实验

注：A 是一个带正电的物体，把系在丝线上的带正电的小球先后挂在图中 P_1、P_2、P_3 等位置，比较小球在不同位置所受带电物体的作用力 F 的大小。

　　每个人都需要与他人进行交流，一个人自锁书城，固步自封，必然孤陋寡闻，难以超越。你有一个水果，我有一个水果，交换后仍然是一人一个水果。但人的想法却不是如此，你有一个想法，我有一个想法，交换后每人至少有两个想法，由此还会衍生出许许多多其他的想法。这就是相互启发思维

发散的好办法。

现在人们常常说"头脑风暴"，头脑风暴就是大家坐在一起，围绕一个特定的主题各抒己见。由于讨论使用了没有拘束的规则，人们都能够更自由地思考，进入思想的新区域，从而围绕一个中心点发散产生出许多新观点。当参加者有了新观点和新想法时，他们可以立即大声说出来，然后借鉴他人的观点又建立一个新观点。所有的观点都被记录下来，但当时不进行评估，只有头脑风暴会议结束的时候，才对这些观点和想法进行综合评估。

头脑风暴是个"尝试—检测"的过程。头脑风暴中应用什么技巧取决于你欲达到的目的，你可以应用它们来解决工作中的问题，也可以应用它们来发展你的个人兴趣。如果你遵循头脑风暴的规则，那么，无论你的个人风格和思维习惯如何，你都可能从中获得收益。

👁 从侧向开辟一条新路

我们常听老人说："别在一棵树上吊死。"那是在告诉我们：问题总会有解决的办法，人生总会有出路，何必执着于一点不放？正面行不通，那就转个身，从侧向打开另一条路。

一位在金融界工作的年轻人，立志要读金融研究生，三大部《中国金融史》几乎被他翻烂了，可是连考数年都未中。

然而，在这期间不断有朋友拿一些古钱向他请教，起初他还能细心解释，不厌其烦。后来问的人实在太多了，他索性编了一册《中国历代钱币》，一是为了巩固所学的知识，二是为了给朋友们提供方便。

这一年，他依旧没有考上研究生，但是他的那册《中国历代钱币》却被书商看中，一次就印了 10 000 册，当年销售一

考场失意者的杰作

空。现在，这位朋友已经是中产阶级了。

其实，这就是一个侧向思维的故事，只是这位年轻人自己并未意识到，算是无意中碰到了。不过，麦克的妻子则是有目的地运用了这种侧向思维法。

麦克近来为工作的事情很是发愁，本来他干得好好的，而且他很喜欢现在的工作，但他却在考虑换工作。

原来，麦克的上司是个很难缠的人，自己的能力不高却嫉贤妒能，一直打压属下的发展。对属下的工作要求苛刻却从来不提供任何帮助，也从来不向老板说一句员工的好话。部门的员工都不喜欢他，但是为了工作，又不得不与他共事。上个月，又有两名业务骨干跳槽走了，麦克虽已是部门业务能力最强的人，但向上发展的希望很渺茫。走，还是留？麦克陷入了矛盾中。

当妻子看到愁容满面的麦克时，询问他是否身体不舒服，麦克便将自己的苦恼告诉了妻子。妻子听了后，笑着说："为什么非要陷在这种痛苦的选择中呢？按照我说的方法，把自己解脱出来吧。"随后，给麦克出了一个主意。

几天后，麦克兴高采烈地回到家中，他给了妻子一个热烈的吻，告诉妻子，自己被提升为部门经理了！

原来，妻子给他出的主意：将上司的材料提供给猎头公司，两天后，上司就接到了猎头公司的电话，之后便欢欢喜喜地跳槽走了，空出的职位自然非麦克莫属了。

从侧向打开另一条路，体现的是一种智慧、一种思维方式。它告诉我们在遇到困难时不能坐以待毙，或陷入传统思维的陷阱，而应将自己的思路打开，积极地去寻找另外一条路，一条通往成功的捷径。

下面的一个故事，也是侧向思维的巧妙运用。

一位律师得了重病，已经无药可救，而独生子此刻又远在异乡，不能及时赶回来。他知道自己的死期将近，但又怕仆人侵占财产，篡改自己的遗嘱，便立下了一份令人不解的遗嘱：我的儿子仅可从财产中选择一项，其余的皆送给我的仆人。

律师死后，仆人便高高兴兴地拿着遗嘱去寻找主人的儿子。

律师的儿子看完了遗嘱，想了一想，立即明白了父亲的用意，就对仆人说："我决定选择的那一项，就是你。因为你就是父亲留给我的最有价值的财产。"这样，聪明的儿子立刻得到了父亲所有的财产。

如果你是律师，你会怎么做呢？担心仆人侵占自己的财产，但说教、阻止、恫吓等手段都无法起到作用，这时该怎样做？学学这位律师，采取了侧向思维的方法，改换一种方式立遗嘱，以退为进，先稳住对方，放长线钓大鱼，因而无懈可击。

◉ 要学会"别出心裁"

华若德克是美国实业界的大人物。在他未成名之前，有一次他带领属下参加在休斯敦举行的美国商品展销会。但令他十分懊丧的是，他被分配到一个极为偏僻的角落，而这个角落是绝少有人会光顾的。

为他设计布置的装饰工程师劝他干脆放弃这个摊位，因为在这种不利的位置想要成功展览几乎是不可能的。

请到华若德克的摊位接受来自遥远非洲的礼物

　　华若德克沉思良久，觉得自己若放弃这一机会实在是太可惜了。可不可以将这个不好的位置通过某种方式化解，使之变成整个展销会的焦点呢？

　　他想到了自己创业的艰辛，想到了自己受到展销大会组委会的排斥和冷眼，想到了摊位的偏僻，他的心里突然涌现出偏远非洲的景象，觉得自己就像非洲人一样受到不应有的歧视。他走到了自己的摊位前，心中充满感慨，灵机一动：既然你们都把我看成是非洲难民，那我就扮演一回非洲难民给你们看！

于是一个计划应运而生。

华若德克让设计师为他营造了一个古阿拉伯宫殿式的氛围，围绕着摊位布满了具有浓郁非洲风情的装饰物，把摊位前的那一条荒凉的大路变成了黄澄澄的沙漠。他安排雇来的人穿上非洲人的服装，并且特地雇用动物园的双峰骆驼来运输货物，此外他还派人定做了大批气球，准备在展销会上用。

展销会开幕那天，华若德克挥了挥手，顿时展览厅里升起无数的彩色气球，气球升空不久自行爆炸，落下无数的卡片。卡片上面写着："亲爱的女士和先生，当你拾起这小小的卡片时，你的好运就开始了，我们衷心祝贺你。请到华若德克的摊位，接受来自遥远非洲的礼物。"

这无数的卡片洒落在热闹的人群中，于是一传十，十传百，消息越传越广，人们纷纷集聚到这个本来无人问津的摊位前。强烈的人气给华若德克带来了非常可观的生意和潜在的商机，而那些黄金地段的摊位反而遭到了人们的冷落。

华若德克利用发散思维为自己找到的特殊"点"，就是将偏僻的摊位加以利用，赋予其新的定位与含义，因而吸引到顾客们的注意，达到了自己的目的。

发散思维是具有独创性的，它在思维中的表现就是具有某些独到见解和办法。这就是说，它对问题做出的处理往往是非同寻常的，含有标新立异的成分。

比如设计鞋子，常规的设计思路是从鞋子的款式、用料着手，进行各种变化。但这种思路万变不离其宗，不可能跳出原来的老框框。但假若运用发散性思维，就有可能走出一条新路来，譬如有人从鞋的功能出发去开发新的产品。

鞋可以"吃"。当然不是用嘴吃，而是用脚"吃"。即可以在鞋内加入药物，通过脚部的吸收来治疗疾病。按此思路下

去，也就可以开发出多种预防、治疗疾病的保健鞋。

鞋可以"说话"。设计一种走路的时候会发出声音、会响起音乐的鞋子。这样的鞋子一定会受到小孩子们的欢迎。

鞋可以"扫地"。设计一种带静电的鞋子，在家里走路的时候，可以把尘埃吸到鞋底，使房间不经意间变得干净，尤其是铺地毯的房间。

鞋还可以"指示方向"。在鞋子中安装指南针，调到所选择的方向，当方向发生偏离时，便会发出警报，这对野外考察探险的人来说，是很有用处的。

这就是通过鞋子的功能这个"点"挖掘出来的潜在创意。在生活和工作中，我们需要多动脑筋，找出各种特殊的"点"，再由这些"点"展开出去，说不准就会收到意想不到的效果。

美国推销奇才吉诺·鲍洛奇的一段经历也向我们证明了这一理念。

一次，一家贮藏水果的冷冻厂起火，等到人们把大火扑灭，才发现有18箱香蕉被火烤得有点发黄，皮上还沾满了小黑点。水果店老板便把香蕉交到鲍洛奇的手中，让他降价出售。当时，鲍洛奇的水果摊设在杜鲁茨城最繁华的街道上。

一开始，无论鲍洛奇怎样解释，都没人理会这些"丑陋的家伙"。无奈之下，鲍洛奇认真仔细地检查那些变色香蕉，发现它们不但一点没有变质，而且由于烟熏火烤，吃起来反而别有风味。

第二天，鲍洛奇一大早便开始叫卖："最新进口的阿根廷香蕉，南美风味，全城独此一家，大家快来买呀！"当摊前围拢的一大堆人都举棋不定时，鲍洛奇注意到一位年轻的小姐有点心动了。他立刻殷勤地将一只剥了皮的香蕉送到她手上，说："小姐，请你尝尝，我敢保证，你从来没有尝过这样美味的香蕉。"年轻的小姐一尝，香蕉的风味果然独特，价钱也不贵，连声说："好吃！好吃！我现在就买。"在她的示范效应下，人们纷纷驻足购买，18 箱香蕉很快销售一空。

从上述案例中我们可以看出，发散思维有着巨大的潜在能量，它通过搜索所有的可能性，激发出一个新的创意。这个创意重在突破常规，它不怕奇思妙想，也不怕荒诞不经。沿着这个新思路尽量向外延伸，或许一些由常规思路出发走不通的路，这时会变得柳暗花明、坦途在前，有时甚至会让你看到平常看不到的美妙风景呢！

◎ 要有"非常规"的思维

善用发散思维的人，常常具备他人难以比拟的"非常规"想法，因而能取得非同一般的工作效果。艾柯卡就是一个典型的例子。

福特汽车公司是美国最早、最大的汽车生产商之一。1956 年，该公司推出了一款新车。这款汽车式样、功能都很好，价钱也不贵，但是很奇怪，销路始终平平，与最初的设想完全相反。

公司的经理们急得像热锅上的蚂蚁，绞尽脑汁也找不到让产品畅销的办法。这时，在福特汽车销售量居全国末位的费城地区，一位毕业不久的大学生，对这款新车销售产生了浓厚的兴趣，他就是艾柯卡。

艾柯卡当时是福特汽车公司的一位见习工程师，本来与汽车的销售毫无关系。但是，公司老总为这款新车滞销而焦急的神情，却深深地印在他的脑海里。

他开始琢磨：我能不能想办法让这款汽车畅销起来呢？终于有一天，他灵光一闪，来到了经理办公室，他向经理提出了

　　一个创意，就是在报上登广告，内容："花 56 美元买一辆 56
型福特。"

　　这个创意的具体做法是：谁想买一辆 1956 年生产的福特
汽车，只需先付 20% 的货款，余下部分可按每月付 56 美元的
办法逐步付清。

　　他的建议得到了采纳。结果，这一办法十分灵验，"花 56
美元买一辆 56 型福特"的广告几乎人人皆知。

　　"花 56 美元买一辆 56 型福特"的做法，不但打消了很多

花 56 美元买一辆 56 型福特

人对车价的顾虑，还给人创造了"每个月才花56 美元，实在是太合算了"的印象。

奇迹就在这样一句简单的广告词中产生了：短短 3 个月，该款汽车在费城地区的销售量从原来的末位一跃而成为全国的冠军。

这位年轻工程师的才能很快得到赏识，总部将他调到华盛顿，并委任他为地区经理。

后来，艾柯卡根据公司的发展趋势，推出了一系列富有创意的举措，他最终坐上了福特公司总裁的宝座。

善于运用发散思维的人不止艾柯卡，英国小说家毛姆在穷得走投无路的情况下，运用自己的发散思维，想出了一个奇怪的点子，结果居然扭转了颓势。

英国著名作家毛姆在成名之前，他的小说无人问津，即使请书商用尽办法全力推销，销售的情况仍不好。眼看生活就要遇到困难了，情急之下他突发奇想做了一个特殊的广告——在当地大报上登了一个醒目的征婚启事：

"本人是个年轻有为的百万富翁，喜好音乐和运动。现征求和毛姆小说中女主角完全一样的女性共结连理。"

广告一登，书店里的毛姆小说一扫而空，一时之间"洛阳纸贵"，印刷厂必须赶工才能应付销售热潮。原来看到这个征婚启事的未婚妇女，不论是不是真有意和富翁结婚，都好奇地想了解女主角是什么样子的。而许多年轻男子

威廉·萨默赛特·毛姆
（1874—1965 年）

也想了解一下，到底是什么样的女子能让一个富翁这么着迷，以便防止自己的女友也去应征。

从此，毛姆的小说销售一帆风顺。毛姆也慢慢走上了成名作家之路。

具有发散思维的人通常思路比较开阔，因为发散思维能拓展人们思维的深度与广度，当你的思维触角延伸得越远，你的人生舞台就展开得越大！

4 收敛思维法

　　收敛思维是相对于发散思维的，与发散思维一样，它也是创造性思维的重要组成部分。"收敛"的内在含义就是"寻求同一"，因此收敛思维有着多个名字，人们常说的求同思维、聚合思维、辐集思维和集中思维等，所指的都是收敛思维。

👁 指向集中的思维方法

　　收敛思维是一种有方向、有范围、有条理的求同性思维，它以某个思考对象为中心，尽可能运用已有的知识和经验，将各种信息重新进行组织，进而从不同的方面和角度，将思维集中指向某一中心点来解决问题的。例如，学生从书本的各种定论中优选一种观点，或寻找问题的一种答案；科学家依据多种实证资料归纳出唯一的结论，或提出某种假说等，运用的都是收敛思维的方法。

　　因此收敛思维是以"集中"为特点的逻辑思维方法。它是

在众多现象、线索和信息中寻求一种最佳的解决问题的办法，就好比凸透镜的聚焦作用一样，它可以使平行于主光轴的一束光线聚集到一点，从而在焦点引起燃烧，显示其"集中"的威力。当然，这种高度的"集中"也需要吸取其他思维的优点和长处。收敛思维不是简单的收集与组合，而是具有创新性的整合，即以实现预定目标为核心，对原有的信息材料从内容到结构进行有目的地选择与组合。

通常说来，收敛思维具有以下 5 个方面的特性：

聚焦性：抓住问题的聚焦点是收敛思维的核心所在，在解决问题时只有弄清问题的聚焦点，才能有的放矢并且高效率地解决问题。

收敛性：通过"求同"或"集中"，获得共性和一致的认识结果，以达统一思想、统一意志、统一行动，增强思维统摄力的效果。

严谨性：收敛思维要求先把解决的问题纳入一般的逻辑轨道，然后按照已有的逻辑规则进行严谨周密的推理和论证。因此它必须是按部就班，一环扣一环地展开，并且特别重视因果链条，不允许用联想或想象代替推理和论证，更不允许出现思维的跳跃。

封闭性：由于"收敛"是

收敛思维

概念　指向高度集中的思维方法

特性
(1) 聚焦性：抓住问题的聚焦点
(2) 收敛性：以"求同"获得一致的认识
(3) 严谨性：思维一环扣一环不会跳跃
(4) 封闭性：获得的答案是唯一的
(5) 求实性：实用性的筛选思维结果

过程
(1) 归纳：推出一般性结论
(2) 还原：寻求统一的解释

意义　收敛和发散是辩证的统一，两者相辅相成

什么是收敛思维

把许多发散开来的思维结果汇聚起来，选择唯一合理的答案，因此它具有封闭性。

求实性：收敛思维是对思维发散结果的筛选，这种筛选是按照实用的标准来选择的，是现实且可行的，因而收敛思维表现出很强的求实性。

收敛思维的过程表现为归纳与还原。归纳，是主体根据储存和进入大脑中的信息推出一般性结论的过程；

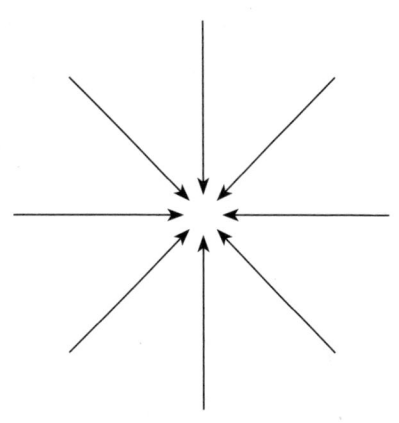

收敛思维示意图

还原，是主体对各种思维成果或思维状态寻求统一的解释，要么解释为统一的思维指向，要么将思维指向解释成统一的思维起点。归纳离不开还原，还原恰恰是归纳的潜在或隐性的前提；还原离不开归纳，并常常将归纳作为一个内在的环节容纳于过程之中。

因此，在解决问题的时候，不管你在分析过程中运用了多少种思维方法，但如果不能统一起来，不能形成集中的思维力量，就会使思维失去控制，从而陷入无序状态。纵使你富有创造性思维的闪光与智慧的火花，但如果不会运用收敛思维，那么再好的创意也不会获得你所需要的结果。

收敛思维与发散思维是相互对立的，但两者又是辩证的统一。发散思维是"由一到多"，收敛思维则是"由多到一"；发散思维有利于思维的广阔性、开放性，有利于思维在空间上的拓展和时间上的延伸，而收敛思维则有利于思维的深刻性、集中性、系统性和全面性。如果说，发散思维是让思维放开、任意飞翔的话，那么收敛思维就是对放开的思维进行回收、聚拢，让它们都集中到一个焦点上。一个就像太阳，光线向四面

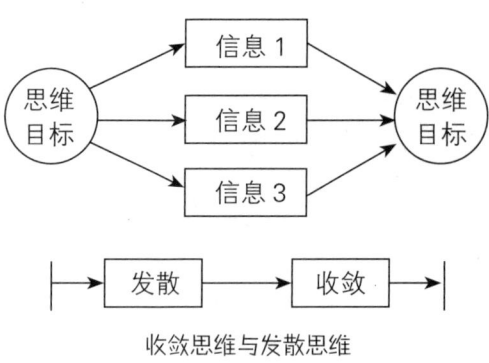

收敛思维与发散思维

八方扩散；一个就像宇宙"黑洞"，把四面八方的光线都吸到洞里去。一个强调放，一个强调收。放者，容易散漫无际，偏离目标；收者，容易因循守旧，缺少变化。放是为了更好地收，收是为了更好地放。因此，我们在强调发散思维时，需要用收敛思维来补充；在强调收敛思维时，需要用发散思维来支持，两者是相互补充、相辅相成的。

人类认识燃烧的过程

收敛思维在以严谨著称的科学界有着广泛的应用。因为一个问题的真相往往只有一个，这就需要人们逐层分析问题，一步一步地探索问题的本质和根源。人类对于燃烧的认识，就经历了一个由浅入深、由表及里、由现象到本质的逐步认识过程。

希腊神话中就有普罗米修斯盗天火以救人类的故事，由此足见火对人类生存发展的重要意义。人类对于火和燃烧现象的认识是逐步深入的，而每一次认识的深入，都是一次关于火及燃烧理论的创新。

我国远在春秋战国时期就提出了"金、木、水、火、土"的五行说；在古希腊，同样有"火、气、水、土"四元素说；在古印度的孔雀王朝，也产生了"地、水、风、火"四大元素说。在这些古老的学说中，火都是被当作一种元素提出来的。古代的人们曾把火看作是化学变化的核心要素，认为火是一切事物中最积极、最活跃、最能动、最容易变化的东西。

围绕着火而产生的炼金术曾经盛极一时：人们梦想着通过化学方法将一些贱金属转变为贵金属——黄金和白银。我国古代的科学家和一些外国科学家牛顿都曾进行过炼金术的尝试。炼金术曾存在于古巴比伦、古埃及、波斯、古印度、中国、古希腊和古罗马以及穆斯林文明，然后在欧洲延续至 19 世纪——在一个复杂的网络空间跨越至少 2 500 余年！

1661 年，英国化学家波义耳发表《怀疑派化学家》的科学名著，正式提出了他对燃烧本质的看法。他认为火应当是一种实实在在的，由具有质量的火微粒（火素）所构成的物质元素。依据此观点，植物、燃料在燃烧时，它们的极大部分都变成火素散失在空气中去了，只留下了同原物体本身的质量相比微不足道的灰烬。这就是波义耳有关燃烧的"火微粒"学说。

罗伯特·波义耳
（1627—1691 年）

与此同时，波义耳还提出了科学元素的概念。他认为，只有那些不能用化学方法再分解的简单物质才是元素。例如黄金，虽然可以同其他金属一起制成合金，或溶解于王水之中隐蔽起来，但是仍可设法恢复其原形，重新得到黄金。水银也是如此。至于自然界元素的数目，波义耳认为：作为万物之源的元素，将不会是亚里士多德所描述的"四种"，也不会是医药化学家所说的"三种"，而一定会有许多种。

波义耳把这些新观点、新思想带进化学，解决了当时化学在理论上所面临的一系列问题，

施塔尔
(1659—1734 年)

为化学的健康发展铺平了道路。所以后人评价说：如果把伽利略的《对话》作为经典物理学的开始，那么波义耳的《怀疑派化学家》可以作为近代化学的开始。

波义耳有关燃烧的"火微粒"学说为其后的"燃素"学说诞生做好了理论上的准备。1703 年，德国化学家施塔尔在大量实验事实的基础上，提出了燃烧的"燃素"学说，施塔尔认为，火是由无数细小而活泼的微粒构成的物质实体，这种火微粒可以和其他的元素结合形成化合物，同时也能够以游离态的形式存在。如果大量的微粒聚焦在一起，就会形成明显的火焰，这些微粒弥漫在大气之中便给人以热的感觉，由这种微粒构成的火元素称为"燃素"。他认为，一切与燃烧有关的化学变化都可以归结为物质吸收或释放燃素的过程，物质是否易燃，由其所含有燃素的多少所决定，在燃烧过程中，被燃烧物体中的燃素被空气吸收，空气只起带走燃素的助燃作用。

燃素的观点与现代化学反应理论有一个共同点，那就是在进行化学反应时都有某种东西从一物质转移到另一物质，施塔尔认为这种转移的东西就是燃素。人们利用这种转移的概念解释了大量的化学现象和化学变化，因而把许多化学事实在这种理论下统一起来，结束了炼金术对化学界长达千年的统治，这是化学发展史上的又一里程碑。甚至有人说，施塔尔的

"燃素"学说是化学领域中第一个把化学反应和化学现象统一起来的伟大原理。

这一时期,化学家相继发现了多种与燃烧和化学反应有关的气体,并且许多实验事实开始与"燃素"学说发生矛盾。其中最重要的发现是1774年英国化学家普里斯特利制得氧气——他在一次聚光镜使汞煅灰(氧化汞)分解的实验中发现了一种"助燃能力特别强的气体"。但由于他墨守陈规,不敢对"燃素"学说提出挑战,只是修补"燃素"学说,将这种气体称为"脱燃素空气"。后人评价说:"这种本来可以推翻全部燃素观点并使化学发生革命的元素,在他的手中没有能结出果实。"

几乎是同一时期,法国化学家安托万·洛朗·拉瓦锡在实验中发现:密闭容器内锡和铅经加热后表面形成了一层金属灰,加热后容器内物体的总质量未改变,但锡和铅的质量增加了,而空气减少了。他敏锐地意识到这一现象的本质是金属与空气中某些成分发生了化合反应,同时开始对"燃素"学说产生了怀疑。此后,拉瓦锡得知普里斯特利的实验成果,他立即重复做了聚光镜使汞煅灰分解的实验,进而发现与金属化合的空气成分就是那种"助燃能力特别强的气体"(即氧气)。于是,拉瓦锡经过反复地论证和思考,大胆否定了燃烧的"燃素"学说,于1777年正式提出了燃烧的氧化学说,他认为:燃烧的本质是物质与氧气的化

安托万·洛朗·拉瓦锡
(1743—1794年)

合。1783 年，拉瓦锡出版了名著《关于燃素的回顾》，宣布了他对化学理论基础的革新，他的夫人则当众烧毁了"燃素"学说创始人施塔尔的著作。由此宣告了旧的化学时代结束，一个新的化学时代开始。

拉瓦锡的燃烧氧化学说在化学史上具有极其重要的地位，人称"化学史上的第二次革命"。因为它取代了统治化学理论界近百年之久的"燃素"学说，使人们真正认清了燃烧的本质，让化学科学的发展走上了正确的轨道，拉瓦锡也因此而被人们尊称为"化学之父"和"化学科学的奠基人"。

👁 化学家探寻酸碱本质

人类关于酸碱的认识源远流长。早在公元 1 世纪时，就发现了碱土（主要成分为碳酸钠），随后又有不少天然的或简单加工过的酸性或碱性物质被人们所认识。1663 年，英国化学家波义耳首先给出了酸碱的定义，他把有酸味并能使蓝色石蕊变红色的物质叫作酸；而把有涩味，可以使红色石蕊变蓝色的一类物质叫作碱。也就是说，人类对于酸碱的认识最早是从一些具体酸碱物质所显示的外在现象（性质）开始的。

到了 18 世纪后期，当时已经积累了比较多的酸碱感性知识，化学家开始从物质的内部构成逐渐认识酸和碱。拉瓦锡曾提出氧元素是形成酸的必要成分，由他所命名的"氧"，其西文含义就是"酸形成者"。日本化学界把氧元素称为"酸素"。

19 世纪前半叶，盐酸、氢碘酸、氢氰酸等相继被发现，化学家的实验证明，这些酸中均不含有氧，而都含有氢。因此，其后人们认识到氢才是成酸的基本元素。

一直到了 19 世纪后期，斯万特·奥古斯特·阿仑尼乌斯创立了电离理论，他首先提出酸碱电离理论，并重新给酸和碱下了定义——电离时所生成的阳离子全部是氢离子的化合物叫作酸；电离时所生成的阴离子全部是氢氧根离子的化合物叫作碱。阿仑尼乌斯的酸碱电离理论使人们对酸碱的认识上升到理性的阶段。

以电离理论为基础定义酸和碱，定量地研究酸和碱的强度，使人们对酸和碱的本质有了极为深刻的认识。因此，人们说阿仑尼乌斯的酸碱电离理论是酸碱理论发展的重要里程碑。这一理论在化学的发展进程中曾起到了重要作用，直到今天，它仍然被广泛应用于化学的各个领域。

斯万特·奥古斯特·阿仑尼乌斯
（1859—1927 年）

但酸碱电离理论将酸碱的认识局限在水溶液当中，这给现代兴起的大量非水反应体系的研究带来了困难，在解释非水体系的酸碱反应时该理论就显得无能为力了。

20 世纪 20 年代，勃朗斯特和劳莱提出了酸碱质子理论，大大地扩大了酸碱物种的范围，使酸碱理论的适用范围扩展到非水体系乃至无溶剂体系。酸碱质子理论将能给出质子的分子或离子定义为酸，将能接受质子的分子或离子定义为碱。通过这个定义可以知道：酸和碱均可以是分子、正离子和负离子；有的物质在不同的反应当中可以是酸，也可以是碱；酸和碱之间的关系：酸 = 碱 + 质子。

其后，美国化学家路易斯又提出了酸碱电子理论。酸碱电子理论关于酸碱的定义：凡是

路易斯提出了酸碱电子理论

能接受电子对的分子、离子或原子团都是酸，凡是能给出电子对的分子、离子或原子团都是碱，即酸是电子对的接受体，碱是电子对的给予体。它认为酸碱反应的实质是形成配位键生成酸碱配合物的过程。

这种酸碱的定义涉及了物质的微观结构，使酸碱理论与物质结构产生了有机的联系。按照这一理论，几乎所有的正离子都能起酸的作用，负离子都能起碱的作用，绝大多数的物质都能归为酸、碱或酸碱配合物，而且大多数反应都可以归为酸碱之间的反应或酸、碱及酸碱配合物之间的反应。因此，这一理论进一步地扩大了酸碱的研究范围，其适用面也更加广泛。

当然，人类对于酸碱的认识并没有完结，对于酸碱本质的探索目前仍在进行之中。不过我们从化学家探寻酸碱本质的过程中，充分看到收敛思维所发挥的巨大作用。因为事物是复杂的，许多时候人的认识不能一步到位，这就需要逐步推进，深入分析，以思维的"聚焦"来弄清问题的真相，并揭示隐藏在事物表象内的深层本质，最终走向认识事物的理想王国。

探索质量守恒的规律

自从十字军远征以来，欧洲的工业有了巨大的发展，形成了许多工业基地。在很多工业中都广泛地使用火，这样使用火的范围日益扩大。不同的物质可燃性的大小、产生温度的高低以及金属煅烧后变成灰烬导致质量改变等问题，很自然地引起了人们的重视和思考。

现代化学的奠基人波义耳做了大量金属煅烧的实验。他先将铜、铁、铅、锡等金属放在密闭的容器内进行煅烧，再仔细定量地研究它们在煅烧后增重的情况。最后，波义耳认为，在金属被煅烧时，从燃料中散发出来的火微粒穿过容器壁钻进了金属，并与它们结合而形成了比金属本身重的煅灰。他用式子对金属煅烧后的增重现象进行了解释：金属 + 火微粒 = 煅灰。

波义耳在这里提出了对燃烧本质的看法，他认为火应当是一种实实在在的、由具有质量的火微粒所构成的物质元素。依据此点，植物、燃料在燃烧时，它们的极大部分都变成火微粒散失在空气中去了，只留下了与原物体本身的质量相比微不足道的灰烬。

1703 年，德国化学家施塔尔在总结了前人关于燃烧本质的各种观点，并对其进行甄别后指出：一切与燃烧有关的化学变化都可以归结为物体吸收燃素或放出燃素的过程。例如，煅烧金属时，燃素从中逃逸出来，变成煅渣；将煅渣与木炭共燃，则煅渣又从木炭中吸取燃素而重回到金属面目。硫黄燃烧后变成硫酸，硫酸与松节油共煮而变成硫黄，都是由于物质中的燃素得失而完成变化的。

在施塔尔看来，物体中所含燃素的多少决定了该物质可燃性的大小。乍看起来，施塔尔的"燃素"学说与波义耳的"火微粒"学说的观点颇为相似，然而恰恰相反，施塔尔表述的金属煅烧过程：金属 – 燃素 = 煅灰。

那么，为什么燃烧时不可缺少空气呢？施塔尔在他的学说中解释道：这些物质在加热时，燃素并不能自动分解出来，必须有外来的空气将其中的燃素吸取出来，燃烧过程才能实现。并且还认为，上好的空气具有吸收燃素的性质。

1756 年，俄国化学家罗蒙诺索夫也做了大量金属煅烧的实验。他把锡放在密闭的容器里煅烧，锡发生变化，生成白色的氧化锡，但容器和容器里的物质的总质量在煅烧前后并没有发生变化。经过反复的实验，都得到同样的结果。于是他认为在化学变化中物质的质量是守恒的，即参加反应的全部物质的质量，常等于全部反应产物的质量。这叫物质不灭定律。

罗蒙诺索夫
（1711—1765 年）

但罗蒙诺索夫这一发现当时并没有引起化学界的注意，直到 1777 年法国的拉瓦锡提出燃烧的氧化学说，并做了同样的实验得到同样的结论之后，这一定律才获得公认。拉瓦锡认为：可燃物的燃烧或金属变为煅灰并不是物质的分解，而是与氧气的化合，根本不存在什么燃素。其反应过程应该表示：金属 + 氧 = 煅灰（金属氧化物）。

1803 年，英国物理学家约翰·道尔顿提出原子论之后，人们从原子论的角度来看待化学反应，进一步说明了质量守恒定律的正确性：化学反应的过程，就是参加反应的各物质（反应物）的原子重新组合而生成其他物质的过程。在化学反应中，反应前后原子的种类没有改变，数目没有增减，原子的质量也没有改变，化学反应前后物质的总质量当然也不会改变。

由于罗蒙诺索夫和拉瓦锡时代所用的天平不够精密，所以后来又有不少科学家用更精确的方法证明这一定律。例如 19 世纪中叶，比利时分析化学家斯塔用银和碘制备碘化银，所得碘化银的质量与碘和银的总质量只相差 0.002%。19 世纪末，兰多尔特用很精密的天平再一次证明这一定律的正确性。

20 世纪，爱因斯坦发现了狭义相对论。他指出，物质的质量和它的能量成正比，可用以下公式表示：$E=mc^2$。式中 E 为能量，m 为质量，c 为光速。以上公式说明物质可以转变为辐射能，辐射能也可以转变为物质。这一现象并不意味着物质会被消灭，而是物质的静质量转变成另外一种运动形式。所以 20 世纪以后，这一定律已经发展成为质量守恒定律和能量守恒定律，合称质能守恒定律。

◎ 卡文迪许"称量"地球

英国人卡文迪许是有史以来最伟大的实验科学家之一。他在力学、热学、电学、化学等领域都有划时代的贡献。一百多年前，卡文迪许就用自己设计的扭秤，推算出了地球密度是水密度的 5.481 倍（现在的数值为 5.517），并计算出了地球的质量和万有引力常数 G。后人称他是"第一个称量地球的人"。

地球有多重？直到 18 世纪，这依然是摆在科学家面前的一个难题。1750 年，英国 19 岁的科学家卡文迪许向这个难题挑战。他向自己提出一个大胆的课题：称出地球的质量。他像一个小马驹闯进一片丛林，横冲直撞，思维没有一点顾忌和阻碍。在东一榔头西一棒子的冲撞中，卡文迪许想到了牛顿的万有引力。

根据万有引力定律，两个物体间的引力与两个物体之间

卡文迪许
（1731—1810年）

的距离的平方成反比，与两个物体的质量成正比。这个定律为测量地球质量提供了理论根据。卡文迪许想：如果知道了两个物体之间的引力，知道了两个物体之间的距离，知道了其中一个物体的质量，就能计算出另一个物体的质量。

这在理论上是完全成立的。但是，实际测定中，还必须先了解万有引力的常数 G。因为牛顿的万有引力公式的其他几个常数都知道，唯独不知道引力常数 G。

卡文迪许利用细丝转动的原理设计了一个测定引力的装置，细丝转过一个角度，就能计算出两个铅球之间的引力，然后计算出引力常数。但是，细丝扭转的灵敏度还不够大。只有进一步提高灵敏度，才能测出两个铅球之间的引力，计算出引力常数。

灵敏度问题成了测量地球质量的关键。卡文迪许为这个问题伤透了脑筋，想了好几种办法，但是，结果都不怎么理想。

一次，孩子用镜子投射光斑的游戏使卡文迪许受到了很大的启发。他在测量装置上也装上了一面小镜子，细丝受到另一个铅球的微小引力，小镜子就会偏转一个很小的角度，小镜子反射的光就转动了一个相当大的距离。利用这个放大的距离，就能很精确地知道引力的大小。

卡文迪许用这个放大的装置精确地测出了两个引力常数，再次测出一个铅球与地球之间的引力，根据万有引力公式，很快就计算出了地球的质量。

卡文迪许测出地球质量的过程是很好地运用了收敛思维法。将测出地球质量这一问题归结为万有引力常数 G 的问题，进一步归结为测量装置灵敏度的问题，只要解决了这一根本性问题，其他问题也就迎刃而解了。从中也可以看到，在求同思维的运用过程中，是结合转化思维、灵感思维等来共同解决问题的。

卡文迪许在科学上有那么多的贡献，可在生活上却被称作怪人。他腰缠万贯，但没有一件不掉扣子的衣服；他有一处宽大漂亮的住宅，却没有妻子儿女；他不善交际，见人会脸红，甚至连女仆也回避，因此还得罪过不少人。1810 年卡文迪许逝世后，他的侄子齐治把卡文迪许遗留下的 20 捆实验笔记完好地放进了书橱里，谁也没有去动它。谁知手稿在书橱里一放竟是 70 年，一直到了 1871 年，另一位电学大师麦克斯韦应聘担任剑桥大学教授并负责筹建卡文迪许实验室时，这些充满了智慧和心血的笔记获得了重见天日的机会。麦克斯韦仔细阅读了前辈几十年前的手稿，不由大惊失色，连声叹服说："卡文迪许也许是有史以来最伟

卡文迪许"称量"地球

大的实验物理学家，他几乎预料到电学上的所有伟大事实。这些事实后来通过库仑和法国哲学家的著作闻名于世。"此后麦克斯韦决定搁下自己的一些研究课题，呕心沥血地整理这些手稿，使卡文迪许的光辉思想流传了下来。真是一本名著，两代风流，不啻是科学史上的一段佳话。他死后留下大量资料和手稿，麦克斯韦整理了5年，最后出版了《亨利·卡文迪许的电学研究》一书。

一生俭朴的卡文迪许留下大笔遗产，其中一部分由他的家族在1871年捐赠给剑桥大学，剑桥大学用这笔钱建立了举世闻名的"卡文迪许实验室"。这个实验室对一百多年来物理科学的进步做出了巨大的贡献，前后培养出诺贝尔奖获得者26人。

◉ 让地堡变成"坟墓"

第二次世界大战时期，盟军从海上对日本本土发动进攻，首先进攻的是日本的琉球群岛。盟军在逐个攻占岛屿的时候，出现了很大的困难。日本人在海滩附近建造的地堡给登陆的盟军部队造成了很大伤亡。这些紧密排列的地堡形成了强大的交叉火力，相互支援，使登陆部队完全处于夹击挨打的地位，根本不可能前进一步。

为了减少损失，盟军指挥部命令在部队登陆之前，先用猛烈的炮火对海滩周围的地堡群进行打击。但这样做收效甚微，因为琉球群岛的绝大多数岛屿都是由火山岩构成的。日本人花了十多年的时间在熔岩下建立起的地堡相当坚固，即使地堡表面有一些损坏，也不会被完全击毁。这样的盟军登陆时仍会有很大的伤亡。

盟军指挥部军官仔细分析了形势之后认为：地形是敌人的

最大优势，密集分布的地堡、交叉的火力，能对登陆部队造成严重的威胁；地势平坦，使登陆部队完全暴露在敌人的交叉火力之下，也是敌方的优势，而我方的重武器对坚硬的熔岩却无能为力。能否将敌人的地堡密集、地势平坦的优势转为劣势，这是能否取得这场战争胜利的关键问题。

于是，指挥部发动大家来想办法，一时间，由下至上报送来数十种克敌制胜的战斗方案。指挥部经过评审，盟军司令最后选出了一个方案。这个方案实施后，盟军几乎没有花费什么弹药，也没有多少人员伤亡，就将日军的地堡变成了坟墓。

这个方案是如何设计出来的呢？原来，军官们在讨论敌我双方优劣势时，想到地势平坦是盟军暴露在敌人火力之下造成重大伤亡的原因，但同时又是盟军部队迅速靠近地堡的有利条件。另一个有利条件是因为地堡空间小，不可能有重武器，所以不能对坦克等装甲部队造成威胁。于是他们想到将拌好的水泥用推土机推到地堡口，把地堡的枪眼堵死。为了解决一般的推土机容易被地堡的火力所毁坏的问题。盟军指挥部将一批重型坦克改造成坦克推土机，当坦克推土机将大量拌好的水泥堆到敌人的地堡面前时，地堡里的敌军因为没有对付坦克的重武器，只能眼睁睁地看着一堆堆水泥堆向洞口，活活地被闷死。这样盟军几乎没有费什么力，就将岛上敌军全部送上了西天。

盟军指挥官在分析战场上敌我双方优势和劣势后，从众多的方案中选择其中一个最优的克敌制胜方案，这就是收敛思维的方法，也就是所谓的求同思维。这一战例成为世界战争史上的奇迹！

👁 抓住问题的本质

有这样一个小故事：澳大利亚是袋鼠的王国，生物学家为

了研究袋鼠的生活习性，便捉了几只袋鼠并将它们关在了铁栅栏围成的笼子里，以备实验时用。

一天，管理人员发现袋鼠竟然从笼子里跑了出来，他们感到纳闷，后来开会讨论，众人一致认为是笼子的高度过低，袋鼠从栅栏边上跳了出来。所以他们决定将笼子的高度由原来的 10 米增加到 20 米。但第二天他们发现袋鼠还是跑到外面来了，所以他们决定再将高度增加到 30 米。

没想到过了几天，居然袋鼠全跑到外面，管理员们大为紧张，于是决定将笼子的高度增加到 100 米。

小袋鼠问袋鼠妈妈："妈妈你看，这些人会不会再继续加高我们的笼子？"

袋鼠妈妈说："很难说，如果他们再继续忘记关上小铁门的话！"

生活中的许多事情都与这个故事有几分类似，人们往往能够发现问题，却不能真正找到问题的症结所在，而是盲目地把问题出现的原因归结到一些无关紧要的细枝末节上去。结果不但解决不了问题，反而浪费了巨大的物力和财力。

运用收敛思维的过程，就是将研究对象的范围一步步缩小，最终揭示问题核心的过程。所以，找到问题的实质是彻底解决问题的关键，也是运用收敛思维应把握的原则之一。

在欧洲，自从西红柿采摘机发明之后，不少机械学家一直在忙于改进它。但是，那些经过改进的形形色色的采摘机，依然无法避免在采摘过程中把西红柿皮弄破。终于，人们注意到问题的关键不是采摘机太笨重，而是西红柿的皮太薄。要想彻底解决这个问题，只有请植物学家培育出一个新品种，使西红柿长出厚的果皮。

从"采摘机不把西红柿皮弄破"到"让西红柿的果皮变

厚"，就是一种认识的深入，是人们认清了问题的根本原因，从而使西红柿机械采摘得以顺利实现。

在分析问题的时候，我们应该学会透过现象看本质，不应因表象蒙蔽而走进思维的死胡同。如同当人们发现采摘机无法再改进时，就应该从其他方面去寻找解决问题的方法。只有将目光集中在问题的关键点上，才有助于又快又好地解决问题。

20 世纪 80 年代，当古兹维塔接掌可口可乐执行董事长时，面对的是百事可乐的激烈竞争，可口可乐的市场正逐步被蚕食。当时公司的管理者们都把焦点放在百事可乐身上，采取了许多促销的措施，希望实现每月增长 0.1% 市场占有率的目标，但却始终收效甚微。

如何才能占有更大的市场？古兹维塔也开始苦苦思索这个问题。既然促销不能增长市场的占有率，那么是否可以改换一下思维的方向。

古兹维塔决定停止与百事可乐的竞争，他着手调查美国人一天的平均液态食品消耗量，最后得到答案是 14 盎司（1 盎司 =28.35 克）。那可口可乐又在其中占有多少？统计调查的结果是 2 盎司。

这时古兹维塔提出了他的看法，他说可口可乐做的只是增加市场占有率，我们的竞争对象不应该是百事可乐，而是需要占掉市场剩余 12 盎司的水、茶、咖啡、牛奶及果汁。当大家想要喝一点什么时，应该是去找可口可乐。方向明确了，思路也就对了。为达"想喝就去找可口可乐"的目的，可口可乐公司开始在每一个街头摆上自动贩卖机，从此销售量节节攀升，百事可乐的销量再也追赶不上他们的公司了。

从与百事可乐争夺市场占有率，到争夺整个饮料市场的占有率，这是一个竞争层次的提高，也是一个飞跃，为问题的解

增加市场占有率才是问题的本质

决开辟了一条崭新的道路。

可口可乐遇到的问题是如何提高市场占有率，如何获利，这才是问题的本质。无论是从百事可乐还是从其他饮料那儿争取到市场占有率，都是一种市场份额的提升，都能产生效果，而后者无疑更容易、更有效！

所有的问题和需求都有其发生的原因，这就是本质。问题和需求的表象总是与开发者的思路切入点相关，如果切入点是狭隘的，那么围绕着问题和需求的分析往往就受到局限，问题产生的根本原因就很难被发现。只有跳出原来的局限，放开思想，再将思想收拢、集中，才能使我们抓住这个问题的本质，找到解决问题的根本办法。

👁 解决问题的连环法

收敛思维有一种解决问题的方式，叫作连环法。这是一种互为原因、互为结果、因果连锁的思维方式。原因后面有原因，结果后面有结果，事物发展过程中的上一个结果又是下一个发展的原因。

这样，问题就构成了一环又一环的链条。要将整个问题链条解开，必须从链条的一端的一个问题接着一个问题地步步深入，用已知推未知，使过去、现在、未来贯穿于一条认识的长链，沿着这条长链去发现，去创造新的成果。

轮胎的发明就经历了这样一个过程：最先的车轮是木制的，特别容易损坏。于是，人们又以铁制的车轮代替木轮，尽管铁制车轮坚固，但它的震动太大。最后，人们又发明了充气的轮胎，利用压缩气体的弹性减小震动。到目前为止，绝大多数的交通工具都是使用轮胎的。

由此可见，收敛思维可以纵观事物的发展历史，从现有事物的弊端中找到事物发展的完美方向，推动人们对事物的深入认识。收敛思维的结果有时会引起事物的质变，从而在事物发展史上呈现不同的发展阶段。

如果我们用收敛思维解决某一具体的问题时，也可以顺着事物发展的逻辑线索，一步一步地找到解决问题的办法。

在浩瀚无际的大沙漠里，有人不用任何仪器设备就能迅速准确地找到水源。他们是怎样做到这一点的呢？他们是把一系列与水源富有内在联系的事物和信息要素串联起来，一步一步地推进，步步逼近目标，最后在十分缺水的沙漠里找到了水源。

他们一开始先设法在当地诱捕一只狒狒，然后给狒狒喂盐，狒狒食盐以后口渴，他们便放走狒狒；狒狒因口渴急需饮水，便迫不及待地去寻找水源，根据其生存本能，狒狒迅速奔向水源；他们跟踪着狒狒，也就迅速找到了水源。

事物发展总是一环套一环的，思考问题时就要自觉认识这种规律。这里人们以狒狒做向导，就是利用狒狒找水的天然本能来弥补人类自身的不足，实现自我超越、自我突破的目的。

连环法是一种比较严谨的方法，它利用问题各要素之间的

跟着狒狒去找水

必然联系，由前一环的结果解开后一环的原因，所以，这种方法在学科学习中有着重要运用。

在学习几何证明题时，我们经常有这样的体会，常用的一种解题方法：根据已知因素 A，可以推导出结果 B；根据 B，又可以推导出结果 C；根据 C，可以推导出 D。这样一步步地推导，最终得以证明题目的要求。在这个推导的过程中，就是我们的纵向思维在起主导作用，A、B、C、D……各个因素都是环环相扣的，要想最终解决问题，就要将 A、B、C、D……一步步地解决。

有人把这种方法的运用，归纳为以下 4 个步骤：

(1) 确定要达到的理想目标是什么；

(2) 确定妨碍目标实现的障碍是什么；

(3) 找出障碍的因素，即障碍的直接原因是什么；

(4) 找出消除障碍的条件，即在哪种条件下障碍不再存在。

用这种方法进行思考，虽说比较费时，但不会思考不周，不会发生细节遗漏。它把问题一步一步地推演下去，最终找到其解决的办法，这对于那些思考问题不够周全的人，是一种非常值得推荐的好方法。

👁 盯住一个目标不放

在南美洲的亚马孙河边，有一群羚羊在那儿悠然地吃着青青的长草。一只猎豹隐藏在远远草丛中，竖起耳朵。它觉察到了羚羊群的存在，然后悄悄地接近羊群。

越来越近了，突然羚羊有所察觉，开始四散逃跑。猎豹像百米赛跑运动员那样，像箭一般冲向羚羊群。它的眼睛盯着一只未成年的羚羊，一直向它追去。

羚羊跑得飞快，但猎豹跑得更快。在追与逃的过程中，猎豹超过了一头又一头站在旁边观望的羚羊，它没有掉头改追这些更近的猎物，而是一个劲地朝着那头未成年的羚羊疯狂地追去。那只羚羊已经跑累了，猎豹也累了，在累与累的较量中，最后只能比速度和耐力。终于，猎豹的前爪搭上了羚羊的屁股，羚羊倒下了，猎豹朝着羚羊的脖子狠狠地咬了下去。

可以说，一切食肉动物在选择追击目标时，总是选择那些老弱病残的，而且一旦选定目标，一般不会轻易放弃。因为中途轻易放弃选定的目标，就会前功尽弃，并且使体力有所损耗，从而使捕捉其他目标的计划更难实现，而最后的结果也注定是一无所获。

动物世界的这种普遍现象，也许是一种代代相传的本能。但是，在人们的思考过程中，依然要借鉴这种智慧。

收敛思维是针对一个问题寻求唯一正确答案的方法，在培养或运用这种思维法时，将目光集中在一个目标点上，养成专注的习惯。

爱迪生说："全神贯注于你所期望的事物上，必有收获。"

董必武说："精通一科，神须专注，行有余力，乃可他顾。"

美国的谚语也说："人只要专注于某一项事业，那就一定会做出使自己都感到吃惊的成绩来。"

一个人一旦专注于某事，就能调整自己的思想，接受一切外界有益的信息，这时整个世界都是一本公开的书籍，任你随心所欲地翻阅，提取你认为有用的精华。你会全神贯注，只沉醉于工作，无暇顾及自己。历史上有所成就的科学家，几乎都有这种专注的品质，安培就是这样的一个典型。

一天傍晚，安培独自一人在街上散步。忽然，他脑子里想起了一道题目，于是就疾步向前面的一块"黑板"走去，并随手从口袋里掏出了粉笔头，在"黑板"上演算起来。可是，不知什么原因，"黑板"一下子挪动了地方，而安培的题还没有算完。他不知不觉地追随着"黑板"，一面走，一面计算。"黑板"越走越快，安培追不上了，这时候他才看见街上的人都朝着他哈哈大笑。安培被弄得莫名其妙，但他很快就知道了，那块会走动的"黑板"，原来是一辆黑色的马车车厢的背面。

一天清晨，安培去工业大学讲课。一路上，他一边低着头走，一边还在思考着科研中的问题，无意间看见路上的一块小石子，形状奇异，颜色也与众不同，他觉得挺有趣。于是，俯身把小石头拾了起来，翻过来倒过去，琢磨了半响。这时，远处的钟声敲响了，他猛然记起还要去上课，急忙掏出怀表一看，"糟糕，上课的时间快到了。"他赶紧加快脚步，向学校赶去，

安德烈·玛丽·安培
（1775—1836 年）

但自己的脑子还在全神贯注地思考原先的问题。此时正走到巴黎的艺术桥上，他忽然想起应该把捡来石子扔掉，于是，他一只手把石子装进了口袋，而另一只手却将怀表当作石子往外一抛——只见精美的怀表在空中划出一道"美丽的弧线"，飞过桥栏掉入塞纳河中！

学习和运用收敛思维法，探究问题的答案，就要学会专注，清除头脑中分散注意力的想法，令你的思维完完全全地融入当时的工作状态，这样你会工作得更加得心应手，进而获得事半功倍的效果。

◉ 认定目标，坚持就是胜利

当美国西部掀起淘金大潮时，家住马里兰州的达比和他的叔叔一起到遥远的西部去淘金。他们手握鹤嘴镐和铁锹不停地挖掘，几个星期后，终于惊喜地发现了金灿灿的矿石。于是，他们悄悄将矿井掩盖起来，回到家乡的威廉堡，筹集大笔资金购买采矿设备。

不久，淘金的事业便如火如荼地开始了。当采掘的首批矿石运往冶炼厂时，专家们断定，他们遇到的可能是美国西部罗拉地区藏量最大的金矿之一。达比只用了几车矿石，便将所有的投资全部收回。

让达比万万没有料到的是，正当他们的希望在不断膨胀的时候，奇怪的事发生了：金矿的矿脉突然消失！尽管他们继续拼命地钻探，试图重新找到金矿石，但一切终归徒劳，好像上帝有意要和达比开一个巨大的玩笑，让他的美梦成为泡影。万般无奈之际，他们不得不忍痛放弃了几乎要使他们成为新一代富豪的矿井。

接着，他们将全套机器设备卖给了当地一个收购废旧品的

到美国西部淘金的人们

商人，带着满腹遗憾回到了家乡威廉堡。

就在他们刚刚离开后的几天里，收废品的商人突发奇想，决计去那口废弃的矿井碰碰运气。为此，他还专门请来一名采矿工程师，只做了一番简单勘测，工程师就断定，前一轮工程失败的原因，是由于业主不熟悉金矿的断层线。勘测结果表明，更大的矿脉距离达比停止钻探的地方只有 3 英寸（1 英寸 =2.54 厘米）！

故事的最后结果：达比终其一生只做了一个收入仅够养家糊口的小农场主，而这位从事废品收购的小商人，最终成为西部的巨富。

达比虽然付出了极大的努力，但他获取的却是罗拉地区最大金矿的一个小小支脉；收废品的商人虽然只花费了很小的代价，却通过一口废弃的矿井而成功地拥有了最大金矿的几乎全部。达比的失败就在于他没有按自己的目标坚持做下去，在与成功尚未谋面时便停步了。

这个故事给我们一个启示，那就是做事情时要坚定奋斗的目标，坚定不移地贯彻自己的想法并不能被外物或他人所左右，也就是俗话所说的"坚持就是胜利"。

20 世纪 70 年代，世界拳王阿里因体重超过正常体重 20

多磅，速度和耐力大不如前，他也因此面临告别拳坛的厄运。

　　1975 年 9 月，4 年未登上拳台的 33 岁阿里与另一拳坛猛将弗雷泽进行第三次较量。在进行到第十四回合时，阿里已筋疲力尽，处于崩溃的边缘。他随时都可能倒下，几乎再没有力气再战第十五回合了。

　　然而，阿里并没有倒下，而是拼命坚持着，不肯放弃。他心里清楚，对方也和自己一样，也筋疲力尽了。比到这个时候，与其说在比气力，不如说在比毅力，最后的胜利就看谁能比对方多坚持一会儿了。他知道此时如果在精神上压倒对方，就有胜出的可能，于是他竭力保持着坚毅的表情和誓不低头的气势，双目如电。弗雷泽不寒而栗，以为阿里仍存着体力。阿里从弗雷泽的眼神中察觉了这一微妙的变化，他精神为之一振，更加顽强地坚持着。果然，弗雷泽表示甘拜下风。裁判当即高举阿里的臂膀，宣布阿里获胜。这时，保住了拳王称号的阿里还未走到台中央便眼前一片漆黑，双腿无力地跪在地上。弗雷泽见此情景，追悔莫及，并为此抱憾终生。

　　阿里的胜利在于他在最后时刻的坚持，而弗雷泽的失败就在于他关键时刻的放弃。世界上最令人遗憾的事，恐怕莫过于功亏一篑了。若自身条件不满足"再坚持"的要求，此可谓无奈。但是很多时候我们却是主动放弃自己的追求，致使个人与成功失之交臂。

5 形象思维法

　　形象思维是人的一种本能的思维，人一出生就会无师自通地以形象思维的方式思考问题，随着年龄和经验的增长，人开始逐步形成以概念、判断和推理等形式进行的思维，即抽象思维。所以形象思维和抽象思维一样，是人的两种最基本的思维形态。

用形象认识事物的方法

　　形象思维是用直观形象和表象解决问题的思维，故又称为"直感思维"。它的主要手段是实物、图形、表格等形象材料；它的认识特点是以个别表现一般，始终保留着对事物的直观性；它的思维过程表现为表象、类比、联想和想象。

　　在人类社会的早期，比如在 20 万年前，人的大脑容量在 800~1 200cm³，形象思维几乎是引导人类行为的唯一思维方法，并且那时的形象思维完全没有语言符号的辅助，进入大脑并被记忆住的就是眼睛直接摄入的图像、耳朵直接听到的声音、鼻子直接嗅到的气味、舌头直接尝到的味道，皮肤直接碰到的触觉这一类直接信号，人类的祖先早期进行的是纯粹的形象思维。

形象思维的内在活动机制是形象观念间的类属关系，它是人脑认识和反映世界的基本形式，也是艺术创作的主要思维方式。在文学艺术创作过程中，作者常常借助于形象来反映生活，运用典型化和想像来塑造艺术形象，并且表达出自己的思想感情，因此有人也将形象思维称作"艺术思维"。

其实，形象思维并不仅仅属于艺术家，它也是科学家进行科学发现和创造的重要思维形式。例如物理、化学科学中所有的形象模型——原子结构模型、电子云形状模型、分子空间构型、晶体结构模型等，都是科学家抽象思维和形象思维相结合的产物。

爱因斯坦是公认的极具抽象思维能力的大师，他就一贯反对把抽象思维作为唯一的科学研究方法。他十分善于发挥形象思维的自由创造力，他所构思的种种理想化实验就是运用形象思维的典范。这些理想化实验并不是对具体事物的抽象化——舍弃现象，抽取本质；而是运用形象思维的方法，将事物的一般表现和本质的现象

形象思维

用形象解决问题的思维方法 —— **概念**

观察→意象→联想→想象→模拟 —— **过程**

(1)形象性：反映的对象是事物的形象
(2)非逻辑性：没有抽象思维的逻辑性
(3)粗略性：对问题的反映是粗线条的
(4)想象性：可对已有形象进行加工想象
—— **特点**

(1)模仿法：模仿原型产生新形象
(2)想象法：抛开实物进行想象
(3)组合法：将多种要素重新组合
(4)移植法：将外来要素进行移植
—— **方法**

发展形象思维可有效开发人的右脑资源 —— **意义**

什么是形象思维

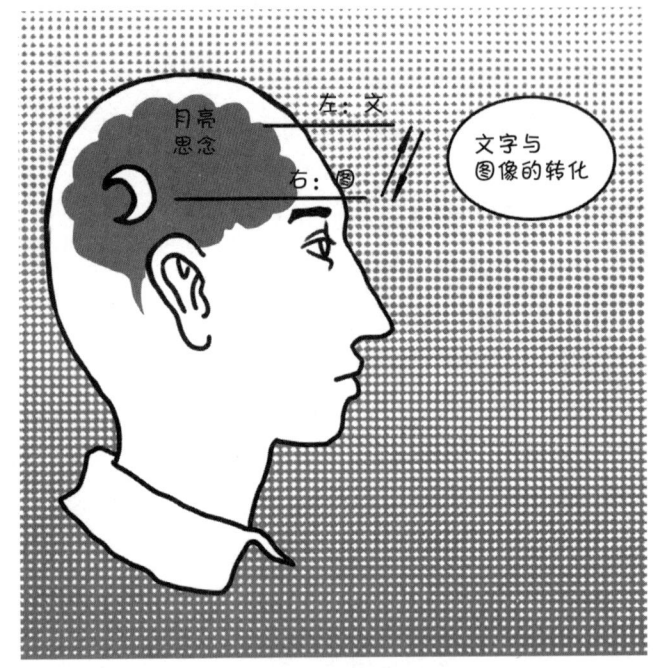

用形象认识事物的方法

加以保留，且使之得到集中与强化。他的广义相对论的创立，实际上就是起源于一个自由想象：一天，爱因斯坦正坐在伯尔尼专利局的椅子上，突然想到，如果一个人自由下落，他应该是感觉不到自己的体重的……爱因斯坦说，这个简单的理想实验"对我影响至深，竟把我引向引力理论"。

现代认识论认为，人的思维是建立在感性认识基础之上的，抽象思维是如此，形象思维也是如此。作为形象思维的生动形象，并不是在主体的头脑中凭空臆造出来的，它植根于现实中的事物。离开了感性认识，形象思维便成为无源之水，无本之木。认识中的形象思维就是人们在形象的感性认识基础上，通过意象、联想和想象来揭示事物本质及其规律的思维活动。科学研究离不开形象的感知、储存、识别，直至建立模型等形象思维活动，形象思维的相似性联想与假设，是科学发现的重要途径。形象的语言描述，是形成科学概念和科学理论体系的重要依据。

与抽象思维一样，形象思维在知识学习中也具有重要的作用。我们可以把知识学习活动中形象思维的运行机制概括为"观察→意象→联想→想象→模拟（模仿或模型）"的程序过程。即通过观察获得感性材料，形成具体事物的印象、表象之后，经过形象分析和形象综合，舍弃印象、表象中与对象本质无关的个别特征，以形象的形式更加集中地反映对象的共性。这种对同类事物形象一般特征的反映即为意象。形象的意象是形象思维的"细胞"。在此基础上才能完成后续的联想、想象、模拟或模仿。

　　因此说来，形象思维及其应用具有以下几个方面的特点：

　　(1) 形象性：形象思维所反映的对象是事物的形象，思维形式是意象、直感、想象等形象性的观念，其表达的工具和手段是能为感官所感知的图形、图象、图式和形象性的符号。形象思维的形象性使它具有生动性、直观性和整体性的优点。

　　(2) 非逻辑性：形象思维不像抽象思维对信息的加工一步一步、首尾相接地、线性地进行，而是可以调用许多形象材料，一下子合在一起形成某个新形象，或由一个形象跳跃到另一个形象。形象思维对信息的加工不是系列加工，而是平行加工，是平面性的或立体性的，它可以使人迅速从整体上把握事物的特点。因此形象思维是或然性或似真性的思维，思维的结果还必须经过逻辑的证明或实践的检验。

　　(3) 粗略性：形象思维对问题的反映是粗线条的反映，对问题的把握是大体上的把握，对问题的分析是定性的或半定量的。所以，形象思

借助于直观形象进行运算

维通常用于问题的定性分析。因此，在实际的思维活动中，往往需要将抽象思维与形象思维巧妙结合，协同使用。

（4）想象性：想象是思维主体运用已有的形象产生新形象的过程。形象思维并不满足于对已有形象的再现，它更注重对已有形象的加工，从而获得新形象产品的输出。所以，想象性使形象思维具有创造性的优点。这也说明了一个道理：富有创造力的人通常都具有极强的想象力。在科学研究中，形象思维的重要方式就是想象。爱因斯坦认为，想象力比知识更重要。培根曾说："想象不受物质规律的约束，可以把自然界里分开的东西联合，联合的东西分开，这就是事物之间造成了不合法的配偶与离异。"正是这些不合法的"配偶"和"离异"，为科学的发明和创造开辟了远比自然界更为广阔的天地。

形象思维的上述特点，决定了形象思维解决问题形式的多样性。根据最常见的解决问题形式，我们可以把它归纳为以下四类：

模仿法：以某种模仿原型为参照，在此基础之上加以变化产生新事物的方法。很多发明创造都是建立在对前人或自然模仿的基础之上的，如模仿天然橡胶的分子结构人工合成橡胶，模仿活性碳的多孔结构制备化学反应催化剂等。

想象法：在头脑中抛开某事物的实际情况，而构成深刻反映该事物本质的简单化、理想化的形象，这就是直接想象。直接想象是现代化学研究中广泛运用的思想实验手段。如电子云模型的提出，分子形成的描述，催化剂的工作原理，化学反应的机理等，它们采用的都是想象的方法。

组合法：从两种或两种以上事物或产品中抽取合适的要素重新组合，构成新的事物或新的产品的创造技法。常见的组合技法有同物组合、异物组合、主体附加组合、重组组合等四种。譬如合金的制备，复合材料的研究，它们的思维出发点就是一种组合法。

移植法：将一个领域中的原理、方法、结构、材料、用途等移植到另一个领域中去，从而产生新事物的方法。主要有原理移植、方法移植、功能移植、结构移植等类型。如化学的研究引入物理的方法形成了物理化学，药物、染料、新材料等物质的合成引入特征官能团，就是一种移植思维。

现代科学表明：人的大脑左半球主管语言、逻辑数字的运算加工，而右半球则主管音乐、美术、空间的知觉辨认。从思维的角度看，即人的左脑主管抽象思维，而右脑则主管形象思维。人的思维活动往往是通过左、右脑机能的"谐振"来完成的。教育训练的根本目的，就在于最大限度地开发人的大脑资源，培养智能全面发展的新人。

巧妙应用形象思维

一次，一位不知相对论为何物的年轻人向爱因斯坦请教相对论。

相对论是爱因斯坦创立的既高深又抽象的物理理论，要在几分钟内让一个门外汉弄懂什么是相对论，简直比登天还难。

然而爱因斯坦却用十分简洁、形象的话语对深奥的相对论做出了解释：

"比方说，你同最亲爱的人在一起聊天，1个小时过去了，你只觉得过了5分钟；可如果你一个人在大热天孤单地坐在炽热的火炉旁，5分钟就好像1个小时。这就是相对论！"

在这里，爱因斯坦所运用的就是形象思维。

当我们碰到较难说清的问题时，如能像爱因斯坦那样利用形象思维打一个比方，或者画一个示意图，对方往往会豁然开

朗。教师在给学生上课时，如果能借助形象化的语言、图形、演示实验、模型、标本等，往往能使抽象的科学道理、枯燥的数学公式变得通俗易懂。甚至在政治思想教育中，我们如能借助文学艺术等特殊手段，进行形象化教育，使简单的说教贯穿于生动活泼的文化娱乐之中，常常也能收到事半功倍的效果。

爱因斯坦的《相对论》

著名哲学家艾赫尔别格曾经对人类的发展进程有过一个形象生动的比喻。他认为，在到最后 1 千米之前的漫长征途中，人类一直是沿着十分艰难崎岖的道路前进的，穿过了荒野，穿过了原始森林，但对周围的世界万物茫然一无所知，只是在即将到达最后 1 千米的时候，人类才看到了原始时代的工具和史前穴居时代创作的绘画。当开始最后 1 千米的赛程时，人类才看到难以识别的文字，看到农业社会的特征，看到人类文明刚刚透过来的几缕曙光。离终点 200 米的时候，人类在铺着石板的道路上穿过了古罗马雄浑的城堡。离终点还有 100 米的时候，在跑道的一边是欧洲中世纪城市的神圣建筑，另一边是四大发明的繁荣场所。离终点 50 米的时候，人类看见了一个人，他用创造者特有的充满智慧和洞察力的眼光注视着这场赛跑——他就是达·芬奇。剩下最后 5 米了，在这最后冲刺中，人类看到了惊人的奇迹，电灯光照耀着夜间的大道，机器轰鸣，汽车和飞机疾驰而过，摄影记者和电视记者的聚光灯使胜利的赛跑运动员眼花缭乱。

在这里，艾赫尔别格正是运用了形象思维，将漫长的人类历史栩栩如生地展现在人们的面前。

我们都有过这样的体会：在学习几何时，往往头脑中有一个确切的形象，或是矩形，或是三角形，或是圆，之后在头脑中对该形象进行各种各样的处理，就好像一切都是展现在我们的面前一样。再比如，学习物理中的电流、电阻时，头脑中显现的是水在管道中流动的景象，顿时，看不见的电流、电阻变得形象生动起来，理解起来也容易得多了。这就是形象思维学习应用中的一个小片段。

形象思维还可以用于发明创造，使发明的过程变得简单明了。

田熊常吉原是一位木材商，文化程度很低，可他却运用丰富的形象思维改进了锅炉。

田熊常吉首先将锅炉系统简化成"锅系统"和"炉系统"，锅系统包括集水器、循环水管、汽包等，主要功能是尽可能多地吸热，保证冷热水循环；炉系统包括燃烧炉排风机、鼓风机、烟道等，主要功能是给"锅系统"供热，减少热损失。简而言之，锅炉的要素就是燃烧供热和水循环。田熊想，人体具有燃烧供热和血液循环这两大要素，人体不就是一个热效率很高的锅炉系统吗？

于是，田熊马上画出了一张人体血液循环图和一张锅炉的结构模型，将两者进行比较后，田熊发现，心脏相当于汽包，瓣膜相当于集水器，动脉相当于降水管，静脉相当于水管群，毛细血管与水包相似。据此，他构思出了新型锅炉的结构方

案，锅炉经过田熊的方案改造后，热效率果然大大提高了。

形象思维使我们的头脑充满了生动的画面，为我们展现了一个更为丰富多彩的世界。因此，形象思维是需要我们学习、掌握的一种必备的思维方法。

👁 微观研究中的形象思维

人们在研究原子结构的过程中，就很好地利用了形象思维的方法。

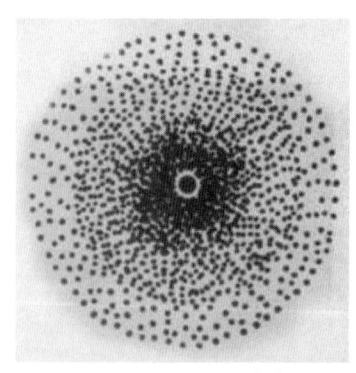

氢原子的原子云图

原子是微观世界的物质，人们根本无法看到它，即使是利用现代"扫描隧道显微"技术，也仅仅只能看到某些原子的一个空间影像，不可能看到其内部结构。但是人们可根据物理实验的事实，形象地表述原子的内部结构。

譬如根据波尔的电子分层排布理论，人们设计出"原子结构示意图"，通过画示意图，就能形象而直观地表述原子中各电子层排列的电子数，并能想象原子结构的大致空间形象。

根据现代量子力学的原子结构理论，人们在表述电子核外运动的统计规律时提出了电子云的概念。电子云是一个让人感觉到很"虚无"的概念，有的教科书就以蜜蜂围绕花的运动来形象地表述：蜜蜂在某一朵花采蜜时，没有确定的飞翔路径，似乎没有规律，但长时间多次仔细观察就会发现，蜜蜂在这朵花的近处远处都可能出现，但蜜蜂总会在离花近的地方出现机会多，这就得出蜜蜂在对花朵采蜜时的运动规律——由此引伸出电子运动的统计规律。也有的教科书采用电子运动照相的方法描述核外电子运动的统计规律——将想象中的 10 000 张电子出现位置照片叠加，从而直观地获得一幅氢电子云的图形，帮助学习者建立难以理解的电子云概念。

　　根据求解原子中电子运动的薛定谔方程，得到描述单个电子运动状态的波函数，人们习惯上将其称为原子轨道，并且形象地将这一波函数的大小、轮廓和符号以图形的方式表示出来，譬如 S 轨道是球形的，P 轨道是哑铃形的，d 轨道是梅花瓣形的……这样在描述它们形成化学键时，就能直观地说明电子云重叠的程度、成键的方向性和生成分子的形状。

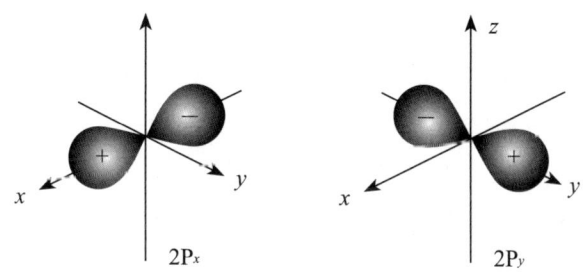

原子的 P 亚层电子云图形

　　科学家早期提出的各种原子结构模型，也都是以人们熟知的事物形象来表达的。如以太阳与地球的相对运动，形象地描述电子对于原子核的相对运动。这就是由宏观物体运动对比归纳出微观电子的运动，让人更直观地了解微观原子的内部结构及其运动状态，进而理解该原子结构学说的基本思想和观点。

◎ 展开想象的翅膀

　　1968 年，美国内华达州一位叫伊迪丝的 3 岁小女孩告诉妈妈：她认识礼品盒上的字母 "O"。这位妈妈非常吃惊，问她怎么认识的。伊迪丝说："薇拉小姐教的。"

　　这位母亲表扬了女儿之后，一纸诉状把薇拉小姐所在的劳

拉三世幼儿园告上了法庭，理由是该幼儿园剥夺了伊迪丝的想象力。因为她的女儿在认识"O"之前，能把"O"说成苹果、太阳、足球、鸟蛋之类的圆形东西，然而自从她识读了 26 个字母，伊迪丝便失去了这种想象能力。她要求该幼儿园赔偿伊迪丝精神伤残费 1 000 万美元。

3 个月后，法院审判的结果出人意料，劳拉三世幼儿园败诉，因为陪审团的 23 名成员被这位母亲在辩护时讲的一个故事感动了。

她说：我曾到东方某个国家旅行，在一家公园里曾见过两只天鹅，一只被剪去了左边的翅膀，一只完好无损。剪去翅膀的一只被收养在较大的一片水塘里，完好的一只被放养在一片较小的水塘里。管理人员说，这样能防止它们逃跑。剪去翅膀的那只无法保持身体的平衡，飞起来就会掉下来；在小水塘里的那只虽然没有被剪去翅膀，但起飞时会因为没有必要的滑翔距离，而老实地待在水池里。今天，我感到伊迪丝变成了劳拉三世幼儿园的一只天鹅：他们剪掉了伊迪丝的一只翅膀，一只幻想的翅膀，他们早早地把她投进了那片水塘，那片只有 ABC 的小水塘。

想象是形象思维的高级形式，是在头脑中对已有表象进行加工、改造、重新组合成新形象的心理过程。想象与形象思维的过程是一致的。想象力具有自由、开放、浪漫、跳跃、形象、夸张等特点。想象力使思维逍遥神驰，一泻千里，超越时空。萧伯纳认为，想象是创造之始。奥斯本说：想象力可能成为解决任何问题的钥匙。爱因斯坦则告诫说：想象比知识更重要，因为知识是有限的，而创造需要想象，想象是创造的前提，想象力概括着世界上的一切，没有想象就不可能有创造。

古生物学家根据一具古生物化石，就能凭借想象去推测出古生物的原有形态，建筑工程师看到设计图纸，就能想象出这是一座什么样的高楼大厦；侦查人员听到犯罪现场目击者提供的某些线索，便能想象出罪犯的身高、体重和模样……

19 世纪末，物理学家已经知道，在一个原子里，既存在着带正电的粒子，也有带负电的粒子。而这两种粒子在原子内部究竟是一种什么样的结构，却始终弄不清楚。因为这靠逻辑推理是演绎不出来的，且在当时的条件下，也不可能通过实验来证明。当时许多物理学家都曾做过假设和想象。汤姆逊是这样想象的：带负电的粒子，像葡萄干一样，镶嵌在由带正电的粒子所构成的像面包一样的没有空隙的球状实体里。而卢瑟福的想象的则是：带负电的电子像太阳系的行星那样，围绕占原子质量绝大部分的带正电的原子核旋转。

约瑟夫·约翰·汤姆逊
（1856—1940 年）

实际上，这两位物理学家和别人一样，对于带正电的粒子和带负电的粒子在原子内是怎么存在的并不知道，他们都是根据自己掌握的有关材料和科学实验做出的大胆想象，以描述两种微粒之间的存在关系。这种想象过程的进行和所起的作用，就是将人们认知事物的"认识链条"上所存在的"缺环"进行了补充，使之完整地连接成为一个科学的整体。

对于某些未知事物的探索和研究，有时仅靠逻辑推理不能解决问题，常规的实验也无法验证，这时，就需要我们展开想象的翅膀，以

形象思维作为突破口，使自己的认识跨越到一个新的层级。

👁 创设未知事物的形象

想象作为形象思维的一种基本方法，不仅能构想出未曾知觉过的形象，而且还能创造出未知事物的形象。没有想象力，一般思维就难以升华为创造性思维，也就不可能产生创新。

美国的莱特兄弟小时候在大树下玩的时候，看到一轮明月挂在树梢，便产生了上树摘月亮的想法。结果不但没有摘到月亮，反而把衣服给挂破了。

"如果有一只大鸟，我们就能骑上它，飞到天空中去摘月亮了。"两个孩子又想到。

从此莱特兄弟俩废寝忘食，终于在1903年根据鸟类和风筝的飞行原理，成功地制造出了人类历史上第一架用内燃机做动力的飞机。莱特兄弟的"骑上大鸟，飞上天空"的幻想终于变成现实。

当然，由于想象是脱离现实的，因此想象越大胆，所包含的错误可能也越多。不过这并没有什么关系，因为想象中所蕴含的创新价值往往是不可估量的。人类科学史上的许多创造发明、发现都是从想象中引发的。

DNA双螺旋结构的发现，是近代科学的最伟大成就之一。由于DNA是生物高分子，普通光学显微镜无法看到它的结构，长期以来，DNA的结构一直是一个迷。早先有科学家提出三链螺旋结构，沃森和克里克经过长时间的研究，却得不到合理结果。1953年2月，当他们看到了富兰克林拍摄的DNA晶体X射线衍射照片时受到启发，于是大胆想象：DNA是否有可能是一种双链螺旋结构。他们依据自己的想象，在实验室里夜以继日地工作，终于成功地搭建出DNA的双螺旋结构模型。

从 DNA 双螺旋结构模型及理论的提出，我们可以看到想象在科学创新的过程中所起到的重要作用。

沃森和克里克

想象能帮助人们抓住事物的本质特征，摒弃事物的次要属性，并且可以在大脑中把这些重要特征组合成整体的形象，从而探索获得新的知识。知识创新需要有卓越的想象力，人脑与电脑相比，想象是其独特的优势。在逻辑推理中难以推导出新知识和新发现，但想象却可以超越逻辑为我们提供全新的目标形象，从而为揭示事物的本质提供重要思路和有益线索，甚至可以开拓出全新的思维天地。

👁 让想象的结果变成现实

许多人认为，只有爱因斯坦式的伟大人物才能够通过想象力创造奇迹，事实上，我们每个人都有创造类似奇迹的天赋，只是我们大多数人没有发挥出来而已。如果你怀疑这个论断，就来看看下面的实验吧。

《美国研究季刊》曾报道过一项实验，证明想象练习对改进投篮技巧的效果。

第一组学生在 20 天内每天练习实际投篮，把第一天和最后一天的成绩记录下来。

第二组学生也记录下第一天和最后一天的成绩，但在此期间不做任何练习。

第三组学生记录下第一天的成绩，然后每天花 20 分钟做想象中投篮。倘若投篮不中时，他们便在想象中作出相应的矫正。

实验结果：

第一组每天实际练习 20 分钟，进球增加了 24%。

第二组因为没有练习，也就毫无进步。

第三组每天想象练习投篮 20 分钟，进球增加了 40%。

心理学家凡戴尔通过实验也证明：让一个人每天坐在靶子前面，想象着自己正在对靶子投镖。经过一段时间后，这种心理练习几乎和实际投镖练习一样能提高准确性。

这些实验结果告诉我们，倘若我们想象着自己在做某件事，脑子里留下的印象和我们实际做那件事留下的印象几乎是一样的。通过想象力完成的实践还能够强化这种印象。有些事情，甚至单纯通过想象力就可以实现。

查理·帕罗思在《每年如何推销两万五》的书中，讲到底特律的一些推销员利用一种新方法让推销额增加了 100%，纽约的另一些推销员增加了 150%，其他一些推销员使用同样的方法则让他们的推销额增加了 400%。

推销员们使用的魔法实际上就是所谓的角色扮演。其具体做法是：想象自己完成了多少销售任务，然后找出实现的方法，这样反复想象，直到实际完成的任务量达到想象中完成的任务量。

如此，他们越来越善于处理不同的情况了。由此可见，他们取得好成绩也就很正常了。一些卓有成效的推销员，通过想象力，并结合自己实际的操作，取得了很高的工作业绩。他们在谈及自己的体会时说：每次你同顾客谈话时，他说的话、提的问题或反对意见，都是体现了一种特定的情境。倘若你总是能估计他要说些什么，并能马上回答他的问题、妥善处理他的反对意见，你就能把货物推销出去。

一个成功的推销员自己就可以想象推销时的情境。想象出客户也许会怎样刁难自己，自己应该怎样对付，等等。

由于事先想象过了，不管在什么情况下，你都能够有备无患。你想象和顾客面对面地站着，他提出反对意见，给你出各种难题，而你能迅速而圆满地解决。

从古到今，不少成功者都曾自觉或不自觉地运用了"想象力"和"排练实践"来完善自我，获得成功。

拿破仑在带兵横扫欧洲之前，曾经在想象中"演习"了多年的战法。《充分利用人生》一

让想象变为现实

书中说："拿破仑在大学时所做的阅读笔记，复印时竟达满满 400 页之多。他把自己想象成一个司令，画出科西嘉岛的地图，经过精确的计算后，标出他可能布防的每一种情况。"

世界旅馆业巨头康拉德·希尔顿在拥有一家旅馆之前，就想象自己在经营旅馆。当他还是一个小孩子的时候，就常常玩扮演旅馆经理角色的游戏。

亨利·凯瑟尔说过，事业上的每一个成就实现之前，他都在想象中预先实现过了。这真是妙不可言，难怪人们过去总是把"想象"和"魔术"联系起来。"想象力"在成功学中，确实具有难以预料的魔力。

但想象力却并非什么"魔力"，它就是我们每个人大脑里生来就有的一种思维能力。如果你也想获得这种"魔力"，不妨就照上面介绍的类似做法去试一试。

常用的形象思维方法

形象思维可以帮助人们认识复杂的事物，探索未知的领域。运用形象思维，对提高记忆和学习的效率，有极好的效果。那么，形象思维有哪些方法呢？

(1) 想象法：在脑中抛开某事物的实际情况，而构成深刻反映该事物本质的简单化、理想化的形象。例如，我们可以利用故事或者假想的游戏来操练自己的想象力。当我们创造幻象的时候，通常是在两个层面上游戏的：第一个层面，利用角色扮演来表演出我们以想象力创造出来的东西；在第二个层面上，我们又以自己假装相信的情形来做游戏，在行为设计上，我们创造出来的东西好像是真实的和现实的，但其实那是早已存在于故事性的神话中的事情。

(2) 移植法：也称渗透法，是指将某个学科领域中已经发现的新原理、新技术、新方法，移植、渗透到其他学科、技术领域中去，为解决其他学科、技术领域中的疑难问题提供启迪或帮助，从而使其获得一种新的突破。

熟练掌握移植法要善于联想，要善于从其他事件、现象中寻求启示。移植法的应用不是随意的，而是以各研究对象之间的统一性和相通性为基础的。移植也不是简单的相加或拼凑，移植本身就是一个创造的过程。

(3) 行停法：行停法是由著名的创造学家奥斯本提出来的，它通过"行"与"停"的反复交叉来逐步实现对问题的解决。用行停法进行思考，不仅可以为我们找到解决问题的办法，有时还可以帮我们创造和发明，成就自己的事业。

怎样来实施"行停法"呢？可按以下步骤进行：

首先，行，想出需要解决的问题相关的地方；停，对此进行详细的分析和比较。

其次，行，寻找解决问题可能用得上的资料；停，如何方便地得到这些资料。

再次，行，提出解决问题的所有关键点；停，确定最佳解决问题的办法。

最后，行，尽量找出试验的方法；停，选择最佳试验方案，直至问题被解决。

(4) 全脑智慧法：人类的大脑就像宇宙天体那样，神秘莫测，能量无穷。仅仅依靠左脑或者右脑都是片面的，不能充分发挥大脑的潜能，只有左右脑协作才是科学的用脑方法，才能更好地发挥大脑的优势，提高我们的思维能力。全脑智慧就是既要运用左脑，又要积极开发右脑潜能，左右脑双管齐下，互相配合，平衡发展，充分发挥大脑潜能，最大限度地提高解决实际问题的能力。

开启全脑智慧，就是要求多思考，让人的脑细胞的细微结构发生改变，在大脑皮层形成许多兴奋点，使大脑对信息的储存、提取和控制能力加强。大脑的功能增强了，思维就能更加灵活、敏捷，反应速度就更快，从而使你的大脑资源得到充分的利用。

化学教学中的形象思维

中学化学教学中，凡是涉及到微观世界物质运动和形态的研究，几乎都使用到形象思维的方法。

譬如物质的量研究中涉及到一个计量标准的问题，它规定以 12 克碳 12 中所含的碳原子数作为计量标准，即应用到"堆量"的概念。学生对 12 克碳 12 中所含的碳原子数（即阿伏伽德罗常数）作为计量标准不好理解，那么教师在教学中就可

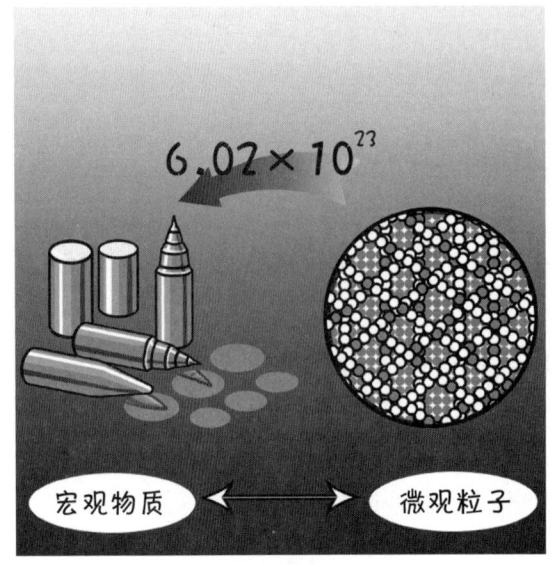

6.02×10^{23}

宏观物质 ← → 微观粒子

让宏观物质与微观粒子建立联系

以用"一箱苹果"或"一打袜子"等实物来做说明。在这里"一箱"（可能有数十个）和"一打"（12双）都是一个"堆量"的概念，只是化学上为了计算的方便选择了"12克碳12中所含的碳原子数"作为"堆量"的标准而已，与其他的"堆量"标准并无什么特别之处，这样学生就容易理解这一新概念了。而所列举的"一箱苹果"或"一打袜子"都是一种具体的实物形象，以具体的实物形象来替代抽象的思维，常常给人以更直观、更简单的感觉。

又如在元素周期律的学习中，必然讨论到原子结构和元素性质的递变规律，其中关于原子半径及电子排布递变规律时，人们都会使用到具体的图形——直接画出表示原子半径相对大小的球形图和原子结构示意图等，这种形象的图形表达方式，能大大增强教学的直观性，使学生易于接受。

再如学习氧化还原反应和分子的形成时，电子的得失、转移和共用，同样也会使用到各种不同的图形来表示，其中最常用的就是原子结构示意图、原子轨道表示式和电子式，电子式可以说就是为了最直观、最简单表达原子核外价电子和分子形成的图式和符号。

在物质的分子结构的教学中，人们常会使用到球棒模型和比例模型等来研究分子的具体形状，以实物模型来说明分子的空间结构。在晶体结构教学中，同样也必须使用不同的晶体结构模型，晶体中各微粒的空间排列，不通过具体的形象来说明，教学简直就无法进行。

在化学平衡、电离平衡、水解平衡及溶解平衡等研究中，常常需要研究各种外界条件对化学平衡移动的影响，这也需要借助图形分析来说明，也就是借助形象思维的方式来理解，如果没有形象的图形进行分析，单靠语言和抽象思维，反而会使简单的问题复杂化。而对于这类知识的运用和训练，也常常被人们设计成图形题或图像题，这一方面有利于问题的表述，另一方面也可以对学生进行形象思维能力的训练。

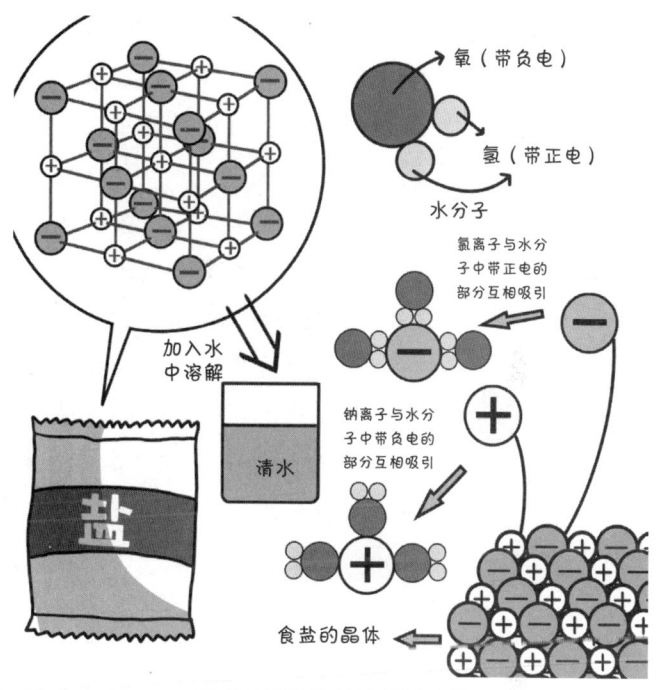

用图示描述食盐溶解的过程

事实上，中学化学教学中形象思维的运用，也并不局限在对微观物质形态和运动的教学中，其他许多内容的教学，也都会运用到形象思维的方法，譬如化学实验的操作、实验的装置、实验的现象，各种模型教具的应用，等等。由于以具体的形象来表达事物具有直观、简单的特点，因此形象思维成为中学化学学习的一种重要的学习方法。

👁 学习中形象思维的培养

在现实的学科教学中，我们一般都很重视基本概念、基本

规律和逻辑推理能力的培养，这完全是正确的。但是应当看到，相对而言，我们对形象思维能力的培养却重视得不够。这不但使我们的思维结构不够完善，同时因为抽象思维缺乏形象的有力"支持"，在一定程度上影响了抽象思维能力的培养。那么，在日常学习中，我们应当如何培养自己的形象思维能力呢？以下就从五个方面来谈一谈。

(1) 增加形象贮备

根据马克思主义认识论，人的思维（即理性认识）是建立在感性认识的基础之上的，抽象思维是如此，形象思维也是如此。作为头脑中生动形象的东西，并不是主体凭空臆造出来的，它源于现实中的具体物质，根植于头脑对具体物质的感性认识，离开了感性认识，形象思维便成为无源之水，无本之木。因此，在日常的学习中，应当重视丰富的感性材料，重视科学实验，充分运用电化教具、图表、模型等直观学习手段，要善于用形象说话，教师要借用生动的比喻和类比使抽象的概念形象化。

(2) 强化想象训练

想象是最富有意义的形象思维形式，要有意识地对自己进行强化训练。如学过电解的概念后，可以想象"溶液中的离子传导电子"的情景；学过摩擦力后，可以想象"毫无摩擦力的世界会是一个什么的样子"；学过圆周运动、万有引力后，可以想象"假如地球突然停止转动"或"地球自转速度加大后"的情景，等等。

(3) 重视定性分析

形象思维是对问题整体、概略和方向性的把握，重视对问题的定性分析有助于形象思维能力的培养。当问题出现时，自己应通过对问题信息的知觉，想象问题情景，构建典型形象，揣测事物变化的基本趋势。同时可以在纸上画示意图、受力图、几何图形等，使自己在头脑里建立起清晰的学科图象，然后再运用学科规律进行推理和演算，最后得出定量的结论。

(4) 提倡数形结合

在学科解题中，要提倡数与形的协同运用，善于将文字信息转化为图形信息，将事物变化规律用图象来表达，揭示数与形的对应关系，运用图象这一直观工具求解抽象的科学问题。

(5) 开展实物设计

在学科教学中，经常性地安排实物设计练习，有助于培养形象思维能力。如实验设计、自制教具、制作模型、制作标本、板报设计、做手抄报、做航模、做机器人、陶塑、木工、服装设计，等等。从实物设计和制作的过程中，还能学习和领会各种形象思维的方法。

重视右脑功能的开发

大脑的左、右两个半球分别称为左脑和右脑，它们表面有一层约3毫米厚的大脑皮质和大脑皮层，两半球在中间部位相接。前面已经提到，人的左脑、右脑具有不同的功能，右脑主要负责直感和创造力，或者称为司管形象思维、判定方位等；左脑主要负责语言和计算能力，或称为司管逻辑思维。一般认为，左脑是优势半球，而右脑功能普遍未得到充分的发挥。

从创新思维的角度来说，开发右脑功能的意义是十分重要的。因为右脑活跃起来有助于打破各种思维定式，提高想象力和形象思维能力。近年来，不少人对锻炼、开拓右脑功能产生了浓厚的兴趣。所谓开拓右脑，就是为了求得左右脑平衡、沟通和互补，以期最大限度地提高人脑的工作效率。当人的两边大脑活动趋于协调之后，会提高人的智力及其创新能力。

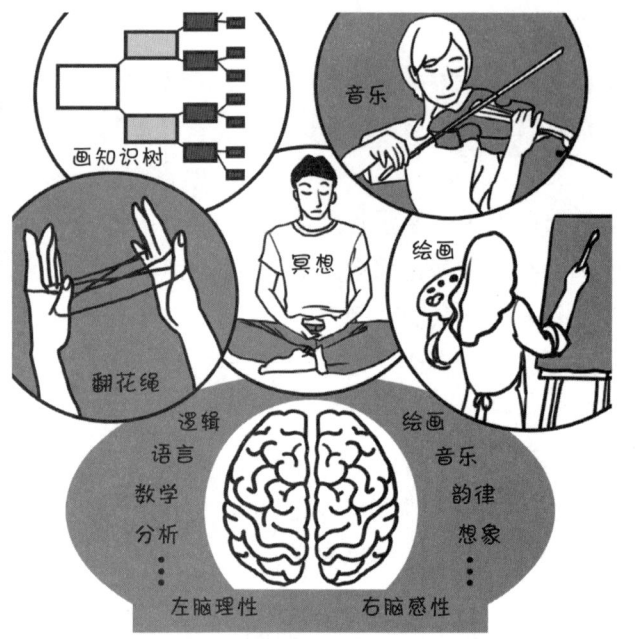

左脑和右脑有着严密的功能分工

能促进右脑功能的活动和方法有许多种，这里介绍10种基本的方法。

(1) 画知识树，在学习活动中经常把知识点、知识的层次结构和整体结构用图表、知识树或知识图的形式表达出来，这样做有助于建构整体知识架构，它对大脑右半球机能的发展是有大有裨益的。

(2) 培养自己的绘画意识，经常欣赏美术图画，自己更要动手绘画，这将有助于右脑半球的功能开发。

(3) 发展空间认识，每到一地或外出旅游，都要明辨方位，分清东西南北，并且了解地形地貌或建筑特色，以培养自己的空间认识能力。

(4) 练习模式识别能力，在认识人和各种事物时，要观察其特征，将特征与整体轮廓相结合，形成独特的模式加以识别和记忆。

(5) 冥想训练，经常用美好愉快的形象进行想象，如回忆愉快的往事，遐想美好的未来。想象一些形象鲜明、生动的事物，不仅使人产生良好的情绪反应，还有助于右脑潜能的充分发挥。

(6) 音乐训练，学习弹唱，经常欣赏各种各样的音乐，以增强音乐鉴赏能力，它能促进大脑右半球功能的拓展。

(7) 手指刺激法，苏联著名教育家苏霍姆林斯基说，手使脑得到发展，使它更加聪明。他又说："儿童的智慧在手指头上"。许多人让儿童从小练习弹琴、打字、珠算等，这种双手的协调运动，会把大脑皮层中相应细胞的活力激发起来。

(8) 环球刺激法，尽量活动手指，促进右脑功能的开发。例如：每捏一次健身环需要 10~15 千克握力，五指捏握时，又能促进对手掌各穴位的刺激、按摩，使脑部供血通畅。有人数年坚持"随身带个圈（健身圈），有空就转；家中备副球，活动左右手"，这种锻炼的确有健脑益智之功效。此外，多用左、右手掌转捏核桃，作用也一样。

(9) "8" 字形练习法，在左手食指和中指上套上一根橡皮筋，使之成为 "8" 字形，然后用拇指把橡皮筋移套到无名指上，仍使之保持 "8" 字形。依此类推，再将橡皮筋套到小指上，如此反复多次，可有效地刺激右脑。

(10) 在日常生活中尽可能多使用身体的左侧，左侧活动多，右脑就会发达。右脑的功能增强，人的灵感、想象力就会增加。比如在使用小刀和剪子的时候总是用左手；拍照时用左眼；打电话时用左耳；习惯于将钱放在自己衣服的左边口袋里；上车后以左手取钱买票，等等。如果每天得在公共汽车上度过较长时间，可利用乘车的时间锻炼身体左侧，如用左手指钩住车把手或扶手，让左脚单脚支撑站立，等等。

另外，还有以下一些活动可开拓右脑：非语言活动、跳舞、美术、种植花草、手工技艺、烹调、缝纫等。这些活动不仅能利用左脑，又能运用右脑，譬如每天练半小时以上的健身操，打乒乓球、羽毛球，等等。在活动中，特别需要让左手、左腿多活动，因为它们是"自外而内"地作用于大脑的。

6 联想思维法

春秋时期的能工巧匠鲁班，有一次上山时手被路旁的野草划破，他发现野草叶片的两边长着许多小细齿，于是他仿照野草在铁片上做出小细齿——锯子就这样被制造出来了。锯子的发明，鲁班运用的就是联想思维的方法。

👁 由此及彼的联想思维

联想思维是指人的表象记忆系统中由于某种诱因使不同表象发生联系的一种思维活动，它是一种没有固定思维方向的自由思维，其主要形式包括幻想、空想、玄想。这其中，幻想——尤其是科学幻想，在人的创造活动中具有重要的作用。

联想思维可以在两个以上的思维对象之间建立联系，帮助人们找到解决问题的办法，它虽然不能直接产生有创造价值的新形象，但它往往能为产生新形象的想象提供基础。因此有人说，联想就像风一样，扰动着人脑的活动空间，它的"由此及彼、触类旁通"的特性，常把人的思维引向深处或更加广阔的境地，导致科学想象的形成，甚至是直觉、顿悟和灵感的产生。

　　譬如"牛顿—苹果—万有引力"的故事：牛顿从自然界最常见的一个物理现象——苹果落地，联想到引力，又从引力联系到质量、速度、空间距离等因素，进而推导出力学三大定律。再譬如，科学家从水池放水时出现的旋涡现象能联想到地球磁场磁力线的运行方向；从豆角蔓的盘旋上升能联想到天体的运行方向；从木头上浮而铁块在水中下沉的现象联想到浮力；从偶然看到的事物不连续性联想到量子；从运动、质量、

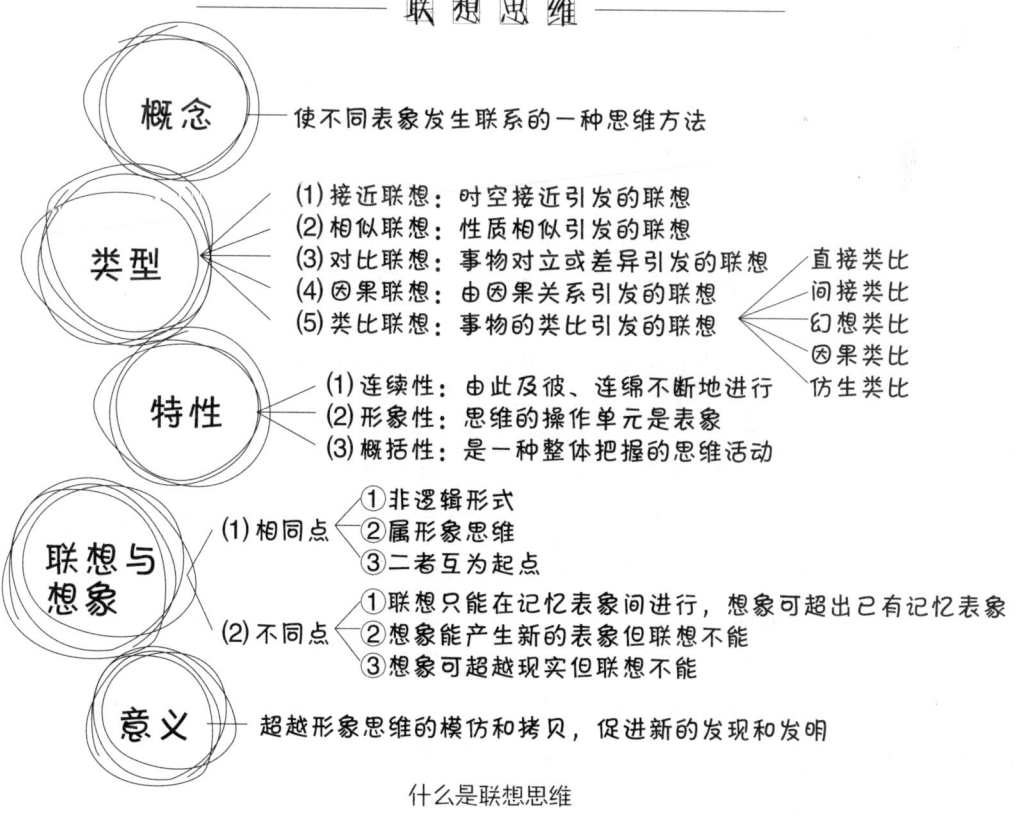

什么是联想思维

引力联想到时空弯曲；从意识的作用联想到宇宙全息，等等。所有这些，都是联想思维在发挥着作用。

由此可见，联想思维的形式是多种多样的，在不同的学科领域，可能枚举出许多种不同形式的联想，在这里我们仅归纳出五种最常见的联想思维。

(1) 接近联想：时间或空间上的接近都可以引起不同事物之间的联想。譬如 "春江潮水连海平，海上明月共潮生。滟滟随波千万里，何处春江无月明。"春江、潮水、大海与明月（既相远又相近）的事物和景象被诗人联系在了一起。

(2) 相似联想：从外形或性质、意义上的相似引起的联想。譬如 "春蚕到死丝方尽，蜡炬成灰泪始干""床前明月光，疑是地上霜"，等等。这种运用概念的语义、属性的衍生、意义的相似性来引发思维的方法，是打开沉睡在头脑深处记忆的最简便和最适宜的钥匙。

(3) 对比联想：由事物间完全对立（相反特征的事物）或存在某种差异而引起的联想。文学艺术的反衬手法，就是对比联想的具体运用。譬如描写岳飞和秦桧的诗句 "青山有幸埋忠骨，白铁无辜铸佞臣。"

(4) 因果联想：由于两个事物存在因果关系而引起的联想。这种联想往往是双向的，可以由因想到果，也可以由果想到因。如看到蚕蛹就想到飞蛾，看到鸡蛋就想到小鸡，等等。

(5) 类比联想：类比法就是通过对一种事物与另一种（类）事物对比而产生的联想。它的特点是以大量联想为基础，以不同事物间的类比为纽带构建思维的联系。譬如直接类比法：根据骨针制作出铁的缝衣针；间接类比法：人们发现负氧离子在高山、森林、海滩等环境的含量较高，以及在雨天雷电时产生较高，间接判断可能与水有关，类比这种现象，进行了水的电冲击试验，发明了负氧离子发生器；幻想类比法：凡尔纳科幻小说里从地球飞行到月球的故事，在今天已经变为现实；因果类比法：加入发泡剂可使合成树脂布满无数小孔，使这些泡沫塑料具有良好的隔热和隔音性能，根据这种因果关系，有人在混凝土中加入发泡剂，从而发明了气泡混凝土；仿生类比法：仿生手的外形发明了起运货物的抓斗，仿生蛙眼的原理和结构发明了电子蛙眼，仿照蜻蜓翅痣的特点解决了现代飞机机翼振动问题，等等。

奇妙的联想思维

　　联想思维虽然形式多样，但它们却有着共同的特征。首先，联想思维具有连续性：联想是由此及彼，连绵不断地进行，它可以是直接的，也可以是迂回曲折形成的闪电般的联想链，而链的首尾两端往往是风马牛不相及的。其次，联想思维具有形象性：联想是形象思维的具体化，其基本的思维操作单元是表象，是一幅幅画面，所以联想思维和想象思维一样显得十分生动，具有鲜明的形象性。再次，联想思维具有概括性：联想思维可以很快把联想到的思维结果呈现在联想者的眼前，而不用顾及细节如何，它是一种整体把握的思维活动，因此其概括性很强。

　　联想思维和想象思维可以说是一对孪生姐妹，它们构成了

人类思维活动的基础。它们有相同之处，即二者都可以呈现为非逻辑形式，都属于形象思维的范畴，都可以借助于形象展开，并且二者可以互为起点。也就是说，想象思维可以在联想到的事物周围展开，同时，想象思维所获得的结果又可以引起新的联想。但二者间也有区别：联想只能在已存入人的记忆系统的表象之间进行，而想象则可以超出已有的记忆表象范围；想象可以产生新的记忆表象，而联想则不能；想象思维的结果可以超越现实，但联想思维的结果不能超越现实。

联想思维是发散思维的重要表现形式，它突破了物质思维的定势，超越了形象思维的模仿和拷贝，直接把触角伸向了未知领域，从而产生了新的发现、新的发明，或者说为问题的解决找到了新的途径。因此也有人说联想思维具有"四性"的特点，也就是具有第一性、发明性、开创性和独创性的特点。

但需指出，生活中有时许多看似联想思维的现象，但实际上往往并不是：譬如农民能从季节的交替中想到春耕夏长秋收冬藏，这是经验在人脑意识中的反映，并非联想思维的结果；一些人能从关节炎的疼痛想到气候的变化，这也是知识和经验所起的作用；许多商人根据地区差、时间差、季节差想到要进什么货，抛什么货，同样是经验形成的结果（少数可能例外）。我们从许多工程师、技师、专家、学者、普通侦探、医生、经济学者等的职业来看，他们的工作似乎靠的是联想思维，实际上也不是，他们的工作大部分是在套用别人的知识或经验，是在运用从学校中学到的知识或是工作中积累起来的经验。前面提到，牛顿从苹果落地联想到万有引力这是联想思维的结果，但若一个大学生说他能从苹果落地联想到万有引力，那他只是在说他学到的知识，他是在讲述牛顿的发现，而不是阐述他自己的联想思维，除非他从未听说过牛顿或从来不知道有引力之说。

严格地讲，人类新发现、新发明、新创造、新理论的产生，均来自人的联想思维，而推动人类文明史缓慢向前发展的人，正是这些具有超强联想思维能力的人们，没有他们，就没有文明社会的今天！

利用相似性产生联想

航天飞机、宇宙飞船、人造卫星等太空飞行器要进入太空持续飞行，就必须摆脱地心引力，这就要求运载它的火箭必须提供强大无比的能量。同时，太空飞行器自身重量越轻，就越能减轻运载火箭的负担，也就能使太空飞行器飞得更高、更远。

因此，为了减轻太空飞行器的重量，科学家们绞尽脑汁，与太空飞行器的材料"斤斤计较"。可是减轻太空飞行器重量，还要考虑到不能降低其容量和强度，要达到上述目的相当困难。科学家尝试了许多办法都无济于事。最后还是由蜂窝结构产生的联想让科学家们解决了这个大难题。

我们知道，蜂窝是由许多一个挨一个、

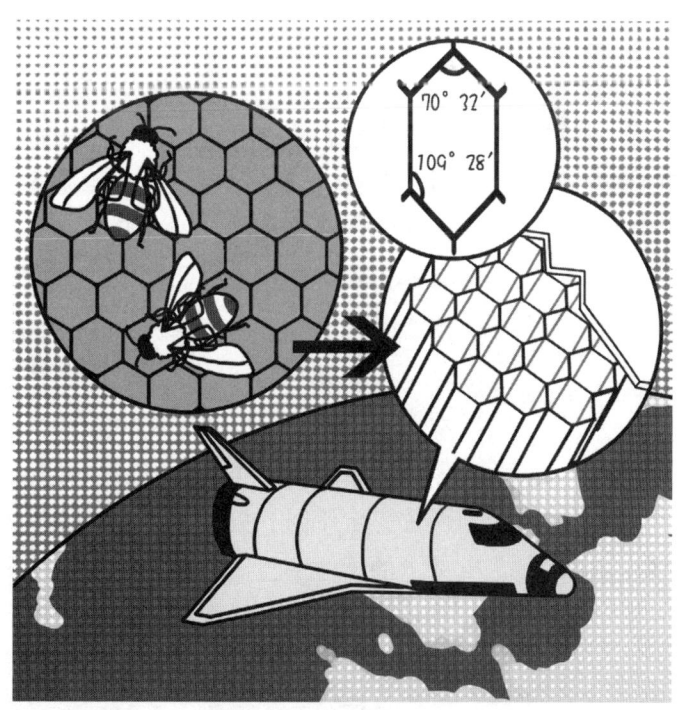

借鉴蜂窝结构改良太空飞行器

排列得整整齐齐的六角形小蜂房组成的。18 世纪初，法国学者马拉尔琪测量到蜂窝的各个角都是有一定规律的：钝角为 109° 28′，锐角为 70° 32′。后来经过法国物理学家列奥缪拉、瑞士数学家克尼格、苏格兰数学家马克洛林先后多次精确计算，得出一个结论：要消耗最少的材料，而制成最大的菱形容器，它的角度应该是 109° 28′ 和 70° 32′，也就是说，蜜蜂蜂窝结构是容积最大且最节省材料的菱形容器。

但从正面观察蜂窝，它是由一些正六边形组成的，既然如此，那每一个角都应是 120°，怎么会有 109° 28′ 和 70° 32′ 呢？这是因为蜂窝不是六棱柱，而是由底部 3 个菱形拼成尖顶构成的"尖顶六棱柱"。我国数学家华罗庚准确指出：在蜜蜂身长，腰围确定的情况下，尖顶六棱柱蜂房用料最省。

上述蜂房结构不正是太空飞行器结构所要求的吗？于是，在太空飞行器中采用了蜂房结构，先用金属制造成蜂窝，然后再两块拼合，这种结构的太空飞行器容量大、强度高，大大减轻了自重，也不易传导声音和热量。因此，今天我们见到的航天飞机、宇宙飞船、人造卫星都采用了这种蜂房结构。勤劳的蜜蜂们不会想到，它们的本能会被人类借鉴应用，并帮助人类飞上了太空！

以上蜂房结构的应用是一个典型的相似联想的例子。不难看出，运用相似联想的一个关键点就是事物之间的共同点与相似点。世界上没有两片完全相同的树叶，同样，世界上也没有两片完全不同的树叶。任何两种事物或者观念之间，都有或多或少的相似点。一旦在思维中抓住了事物的相似点，便能够把千差万别的事物联系起来思考，从而产生新的想法，产生新的创意。

一位公司职员对刀片特别感兴趣，他一直想发明一种价格低廉而又能永远锋利的刀具。他的设想非常好，但要想把它变成现实却并不容易。每次用刀时他都在认真琢磨这件事。

有一次他看到有人用玻璃片刮木板上的油漆，当玻璃片刮钝以后就敲断一节，然后又用新形成的玻璃片口接着刮。这使他联想到刀刃：如果刀刃钝了不去磨它，而把钝的部分折断丢掉，接着用新的刀刃，刀具岂不是就能永保锋利。于是他设计在薄薄的长刀片上留下刻痕，刀刃用钝了就照刻痕折下一段丢掉，这样便又有了新的锋利的刀刃，不用磨就能继续使用。

这位职员从用玻璃片刮木板漆联想到刀刃，从而发明了前所未有的可连续使用的刀具，后来他创立了一家专门生产这种新式刀具的工厂，从而走上了致富之路。

1948 年瑞士人发明的"尼龙搭扣"，也是一个利用相似联想的很好例子。

一天，工程师梅斯塔尔打猎回家，他发现在其衣服上挂着一些牛蒡草的籽实，这些籽实紧紧地附着在衣服上，他觉得很好奇，于是拿到显微镜下观察，结果发现每一个籽实都环绕着许多小钩，正是这些小钩使牛蒡子实挂在衣服上掉不下去。

受此启发他产生了联想：如果在布条上也安上相似的小钩，不就可以用作扣带了吗？从此，他开始潜心研究这种扣带，整整花了 8 年的时间，他把自己的设想变成工业产品：两条尼龙带，一条上布满成千上万个小钩，而另一条则是更为细小的丝绒。当两条尼龙带合在一起时，就迅速成为一条实用的扣带——这就是叫做"尼龙搭扣"的新型扣带。

从这些事例可以看出，只要找到了事物的相似点，往往就能把不同的事物联系起来，形成新的组合。相似联想法的运用，通常能使整个事物产生新的性质和新的功能，从而给人们带来耳目一新的感觉。

莱纳斯·卡尔·鲍林
（1901—1994年）

恩利克·费米
（1901—1954年）

👁 将相关知识串联起来

莱纳斯·卡尔·鲍林，美国著名化学家，量子化学和结构生物学的先驱者之一。化学虽然是他的主要研究方向，但他却善于用新物理学的知识来改造旧的化学体系，开创了量子化学的新领域。他是怎样做到这一点的呢？

鲍林是一个勤奋好学、博学多才的科学家，通过自身的不懈努力，他不仅掌握了物理学理论及其实验手段，同时还通晓高深的数学知识。他将化学、物理、数学等知识融会贯通，奠定了他从事多学科交叉研究的能力，这就使他站到了自然科学的最前沿，进而取得了重大的科学研究成果。

从鲍林的成功不难看出，不论从事哪个学科领域的研究，都要掌握综合研究问题的方法，具备将不同科学领域的知识串联起来的能力。而要进行这种知识间的串联，就要发挥联想思维的巨大作用。因为联想思维的最大特点，就是可以把任意时间、空间上相互接近的事物联系起来，从而产生新的思想，新的观点——乃至全新的创意。

1939年，恩利克·费米看到由李泽·梅特纳、奥特·哈尔姆和弗里茨·斯特拉斯曼所写的一份科学报道，称慢中子被铀核吸收后有时会引起铀原子的裂变，因而引发费米的大胆联想：裂变的铀原子可以释放出中子来，自然会引发一项链式反应，并会由此产生惊人的能量。假若真是这样，人类就可以利用这巨大的核能。根据这种联想，费米开始了核反应堆产能的实验。1942 年 12 月 2 日，世界第一个核反应堆首次运转成功，它标志着人类启用原子能时代的开始。随着实验的成功，美国即刻启动了曼哈顿工程（原子弹制造）的计划，原子弹的问世为第二次世界大战的胜利结束发挥了重要作用。

为纪念费米对核物理学的贡献，美国原子能委员会建立了"费米奖"，以表彰为和平利用核能作出贡献的各国科学家。第 100 个化学元素镄和原子核物理学使用的"费米单位"（长度单位）就是以费米的名字命名的。

科学研究可以通过联想思维将相关知识进行串联，在学科知识的学习中也可以采用这种思维方法。这就是运用联想将相关知识串联起来，使知识形成有序的结构体系，以便于记忆。这里我们不妨介绍几种知识串联的方法。

(1) 按时间的顺序串联知识：我们都知道，人类历史的发展是有时序性的，按照时间的先后顺序串联知识，把握历史发生的基本线索，就能顺藤摸瓜，熟知事件的来龙去脉。采用这种知识串联的方法，既便于记忆，又能明晰历史发展的趋势及其变化的规律。

(2) 从不同角度串联知识：进行知识的串联，要学会变换多种角度，整合并重组知识。这样不仅可以温故而知新，而且还可以构建新的知识体系和网络，加深对知识的理解，更好地把握问题的本质。

(3) 通过比较来串联知识：比较是一种应用广泛的思维方法，既可以是纵向比较，也可以是横向比较，通过比较可以把不同时间或空间发生的事物联系起来。譬如历史学习中比较俄

国彼得一世与中国康熙皇帝；比较俄国 1861 年废除农奴制的改革与日本的明治维新等。这就是通过比较把看似并无关联的知识串联起来，使自己在头脑中形成更清晰的认识，更便于记忆。

(4) 利用口诀、歌谣等形式来串联知识也是一种常用的方法。口诀、顺口溜、歌谣是根据某些字词的韵律，来实现知识的串联的。它们可以把相关的内容、相对应的知识、甚至是完全不相干的事物联系起来，且朗朗上口，便于记忆与回忆。

◎ 展开锁链般的联想

我国古代故事中，曾经有过这样一种说法："如果大风吹起来，木桶店就会赚钱。"这"起大风"与"木桶店赚钱"两者间是怎样联系起来的呢？

原来它经历了下面的思维过程：当大风吹起来的时候，沙石就会满天飞舞，这会导致患眼疾的人增加，患眼疾的人增加瞎子就增加，瞎子增加学琵琶的人增加，学琵琶的人增加从而琵琶师父也会增多；越来越多的人会以猫的毛代替琵琶弦，因而猫就会减少，猫减少的结果是老鼠的数量会大大增加；由于老鼠会咬破木桶，所以做木桶的店就会赚钱了。

上面的每段联想都十分合理，但所获得的结论却大大出乎人们的意料。

由风想到沙石，又联想到"致瞎"，再联想到"琵琶师父"，之后联想到"猫毛"，再联想到"老鼠猖獗"，联想到"老鼠咬破木桶"，最后联想到"木桶店赚钱"。这样一环紧扣一环，就如一条连接着许多环节，人们把这种联想称之为连锁联想。

1982 年 2 月底 ~3 月初，墨西哥爱尔·基琼火山喷发，亿万吨火山灰直冲云霄。就在大家为火山喷发的壮观景象惊叹时，精明的美国政府已开始调整国内政策，并借机大赚了一笔。

原来爱尔·基琼火山爆发后，美国政府联想到悬浮在空中的火山灰会将一部分从遥远的宇宙射向地球的太阳能反射回去，从而形成大面积低温多雨的天气，这会造成世界范围的粮食减产。于是，预见到世界粮食生产将会不景气的美国政府便主动调整了国内粮食政策。

第二年，世界各国粮食产量果然大幅度下降，而美国政府由于及时采取了相关措施，成了唯一的粮食出口国，并由此在国际粮食交易中处处占了上风。

发明创造也是一个链条，运用连锁联想取得的发明成果往往也是一串一串的。从中我们也可以看到连锁联想法的特点。

1493 年，哥伦布在美洲的海地岛发现当地儿童都喜欢把天然生橡胶像捏泥丸一样捏皮一团，做成弹力球玩。哥伦布将这种树木引入了欧洲，用生产出的天然橡胶做橡皮擦子，所以在欧洲橡胶就是"擦子"的意思。

苏格兰有一家生产橡皮擦的工厂。一天，一个名叫马辛托斯的工人端起一大盆橡胶汁往模型里倒，一不小心，脚被绊了一下，橡胶汁淌了出来，浇到了马辛托斯的衣服上，下班后，马辛托斯穿着这件被橡胶汁涂了一大块的衣服回家，正巧路上遇到了大雨。他淋着雨回到了家里，结果换衣服时惊奇地发现，被橡胶汁浇过的地方，竟没有半点雨水渗入。马辛托斯马上联想到，如果把衣服全部浇上橡胶汁，那不就变成了一件防雨衣吗？结果雨衣就此应运而生。

早期使用的橡胶制品都是用的生胶，生橡胶的性能不太好，受热就变形、发黏，受冷又易发脆，因而它的功能受到了

人们对橡胶应用的联想是一环扣一环的

局限。后来美国的一个发明家在橡胶中加入了硫黄，这使橡胶的熔点升高，牢固度大大增强，人们开始用其做篮球、足球和胶鞋。

后来又有人在橡胶中加入了炭黑，使之耐磨性增强，这样橡胶的用途开始变得广泛，不仅用来做胶鞋，做各种体育器材，而且用它做车轮上的轮胎。

由于天然橡胶产量有限，人们又通过对橡胶成分的研究，生产出了各种各样的合成橡胶。合成橡胶具有耐腐耐磨、耐高温、耐氧化等特点，人们用它做成各种各样的特种工程橡胶制品。目前全球的橡胶制品已多达 50 000 种以上。

　　由小孩的弹力球到橡皮擦子，到雨衣，再到篮球、足球、胶鞋，再到车轮上的轮胎、特种工程橡胶等。人们对橡胶应用的联想与创造是一环扣一环的，犹如步步登高，把人们的思维引入更高的境界，这就是连锁联想的奇妙之处。

👁 联想就是联系和想象

　　奥托·哈恩是德国放射化学家和物理学家，曾先后在拉姆赛和卢瑟福指导下进修，在拉姆赛的劝导下，他放弃了进入化学工业界的念头，投身放射化学这一新的领域作深入的探索，曾为纳粹德国的核科学研究作出重大贡献。但哈恩不愿让纳粹政权掌握原子能技术，拒绝参与任何有关军事研究的工作。1945 年春他和海森堡等几位原子科学家被送往英国拘禁，直到战后的 1946 年初才获释回到德国。

奥托·哈恩
（1879—1968 年）

　　20 世纪 20 年代初到 30 年代，随着正电子、中子、氘（重氢）的发现，放射化学被推进到一个新的研究阶段。科学家纷纷探索人工核嬗变的方法，这促使哈恩将研究的重点转向放射化学应用的研究。1938 年末，当他们用一种慢中子来轰击铀核时，出人意料地发生了一种异乎寻常的现象：反应快速强烈、释放出极高的能量，而且铀核分裂成为一些原子序数更小、

更轻的物质成分。难道这就是核裂变？当时的化学界认为：要打破原子核，需要额外供给强大的能量，根本不可能在打破的过程中还能释放出更多的能量。但哈恩不为世俗观点所束缚，联系相关的放射化学知识，大胆想象，坚持实验，终于验证了自己的设想，首创"重核裂变反应"的成功实验。铀235的核裂变是近代科学史上的一项伟大突破，它开创了人类利用原子能的新纪元，具有划时代的深远历史意义。奥托•哈恩也因此荣获1944年诺贝尔化学奖。

在哈恩设计和实验铀235的"重核裂变反应"过程中，就充分运用了联系和想象的思维。

联系和想象是进行联想思维的两种重要方法。联系简单的含义是联络、接洽，复杂的含义是事物之间的有机关联；想象则是人在头脑里对已储存的表象进行加工改造形成新形象的心理过程。二者的结合，就可能形成新的思维成果。

联想可以将发现的信息并构成一条链，将许多事物联系起来思考。微波炉的发明和应用，也是一个善用联系和想象的例子。

微波炉的发明者是美国自学成才的工程师珀西•勒巴朗•斯宾塞，二战爆发后，他在一家公司从事雷达技术开发。这项技术在当时看起来好像是高精尖的技术，但现在看起来就是一种具有探测功能的磁电管，可以发射高强度辐射光束而已。

斯宾塞平时喜欢吃甜食，一天他在实验室做实验时，一块巧克力棒粘在了短裤上，斯宾塞注意到，当他运行磁控管时，裤子上的巧克力棒融化了。一般人可能认为，是他身上的体温将巧克力融化，但斯宾塞没有按照这种逻辑思维去判断，相反，他产生了一个大胆的联想：肉眼看不见的辐射光线将巧克力"煮熟了"。

按常理，此时任何一个理智的人都会停步下来，因为这些神奇的辐射光线离斯宾塞的生殖器很近。曾经就有军事专家设想将这种射线应用于战场。但是，同科学史上每一位发明家一样，斯宾塞对他的发现充满了好奇，他没有停下自己的探索与思考，并且还由此产生了更多的联想和行动：他利用这种装置让鸡蛋爆裂，还用它去烤爆米花、烹饪姜饼。斯宾塞继续实验磁电管，最后，他用箱子将其包装起来，作为一种烹饪美食的新工具推向市场——这就是今天人们熟知的微波炉。

最早上市的微波炉大约有 6 英尺（约合 1.8 米）高，重达750 磅（约合 340 千克），工作时必须用冷水冷却。在之后的岁月里，技术人员不断改进技术、降低成本和缩小微波炉的体积，今天，微波炉已经走入千家万户，成为现代人生活常见的烹饪工具。

我国著名的化学家侯德榜，也是一个善用联系和想象的科学家和实业家。他因 1932 年发明新的制碱法生产出高品质的纯碱，从而在万国博览会上荣获金质奖章，他创办的企业曾享誉国际！

侯德榜小时候不但读书刻苦勤奋，严格要求自己，成绩优异，创造了十门功课一共 1 000 分的成绩记录，而且他还特别喜欢想象，喜好联想思维。他后来回忆说："十来岁的时候，自己经常在课余时间躺在福建家乡的草坡上，望着滚滚的闽江水，让想象思潮纵情驰骋——旋转不息的水车、姑母家的药碾子，都成了自己联想的对象。"

前苏联的心理学家哥洛万斯和斯塔林茨，曾用实验证明，任何两个概念词语都可以经过四五个阶段建立起联想的关系。譬如木头和皮球，看起来是两个风马牛不相及的概念，但可以通过联想作为媒介，使它们发生联系：木头—树林—田野—足

球场—皮球。又如天空和茶，通过"天空—土地—水—喝—茶"，从而使二者间建立起联系。一般来说，每个词语都可以同将近 10 个词直接发生联想关系。所以，培养和发展联想思维，我们要学会发现各种不同事物之间的内在联系，并且要善于大胆地想象。

👁 从无关之中寻找相关

天底下许多事物，如果你仔细观察它们，就会发现一些共通的道理，这就是事物之间的相关性。我们在解决问题时可以有意识地进行发散思维，把由外部世界观察到的刺激与正在考虑中的问题建立起联系，使其相合。也就是将多种多样不相关的要素捏合在一起，以期获得对问题的创见。下面我们就来看一个事例。

福特汽车是美国最重要的汽车品牌之一，在全球的销售量也名列前茅。在创立之时，创办人亨利·福特一直思考着，要如何大量生产，降低单位成本，并提高在市场上的竞争力。

有一天晚上，亨利·福特对孩子说完"小猪对抗野狼"的故事后，突然产生一个想法，应该到猪肉加工厂去看看，或许会有一些新的发现。当他参观了猪肉加工厂后，发现厂内的作业均采

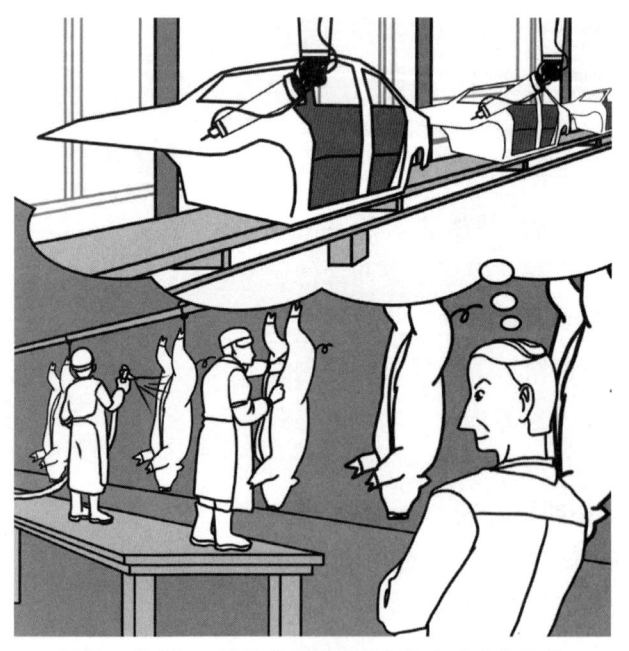

福特从猪肉加工厂获得灵感发明了汽车流水线作业

用天花板滑车运送猪肉的分段加工方式，每个工人都在固定的位置工作，自己的那部分做完以后，再将猪肉推到下一个关卡继续处理，这样，猪肉加工生产效率非常高。

亨利·福特立刻想到，肉品的作业方式也可以运用在汽车制造上。他马上和研发小组设计出一套作业流程，采用输送带的方式运送汽车零件，每个作业员只要负责装配其中的某一部分，不用像过去那样负责每部车的全部流程。亨利·福特所采用的分工作业，的确达到了他预想的效果，使得福特汽车迅速扩大了生产量，并提高其在全球的市场占有率。这种流水线生产的方式，后来也成为全球汽车制造厂的作业标准。

他山之石，可以攻玉。我们常常可以从一些不相关的事物上获得灵感，这就是一种异中求同的归纳能力。当我们在看来毫无关联的事物中找出相同的内涵，也就意味着我们可能发掘更多有创意的思想。因为这些相同、相通之处，可能正是他人没有发现的，就成了我们成功的机会。

猪肉和汽车，看似不具有相关性，但是猪肉加工厂的作业流程，却给汽车工厂提供了一个很好的模板。所以，我们也可以将这种异中求同的技巧运用在自己的工作中去。日常工作和学习中，除了多观察同行的做法，不同行也是值得观察和学习的。一位歌手，可以从一位老师身上学习他在讲台上如何表现，这对自己的舞台表演一定会有所帮助。即使是一个清洁工和一位大企业董事长，他们也有可能找到相通的地方，譬如我们或许会发现，他们都很勤劳、都很节俭，他们的体力都很好，等等。

索尼公司的卯木肇，也是一位善于从无关之中寻找相关联系的精英。

20世纪70年代中期，索尼彩电在日本已经很有名气了，

但是在美国却不被顾客接受，因而素尼在美国市场的销售相当惨淡，但索尼公司没有放弃美国市场。后来，卯木肇担任了索尼国际部部长。上任不久，他被派往芝加哥。当卯木肇风尘仆仆地来到芝加哥时，令他吃惊不已的是，索尼彩电竟然在当地的寄卖商店里蒙满了灰尘，无人问津。

如何才能改变这种既成的印象，改变落后的销售状况呢？卯木肇陷入了深深的沉思……一天，他驾车去郊外散心，在归来的路上，他注意到一个牧童正赶着一头大公牛进牛栏，而公牛的脖子上系着一个铃铛，在夕阳的余晖下叮当叮当地响着，后面是一大群牛跟在这头公牛的屁股后面，温驯地鱼贯而入……此情此景令卯木肇一下子茅塞顿开！

想想一群庞然大物居然被一个小孩儿管得服服帖帖的，为什么？还不是因为牧童牵着一头带头牛。索尼要是能在芝加哥找到这样一只"带头牛"商店来率先销售，岂不是很快就能打开局面？卯木肇为自己找到了打开美国市场的钥匙而兴奋不已。他一路上吹着口哨，回到自己的住处。

当时马歇尔公司是芝加哥市最大的一家电器零售商，卯木肇最先想到了它。为了尽快见到马歇尔公司的总经理，卯木肇第二天很早就去求见，但他递进去的名片却被退了回来，原因是经理不在。第三天，他特意选了一个估计经理比较闲的时间去求见，但回答却是"外出了"。他第三次登门，经理终于被他的诚心所感动，接见了他，却拒绝卖索尼的产品。经理认为索尼的产品降价拍卖，形象太差。卯木肇非常恭敬地听着经理的意见，并一再表示要立即着手改变商品形象。

回去后，卯木肇立即从寄卖店取回货品，取消削价销售，在当地报纸上重新刊登大面积的广告，重塑索尼形象。

经过卯木肇的不懈努力；他的诚意终于感动了马歇尔公

司，索尼彩电挤进了芝加哥的"带头牛"商店。随后，进入家电的销售旺季，短短一个月内，索尼电视竟卖出700多台。索尼和马歇尔从中获得了双赢。

有了马歇尔这只"带头牛"开路，芝加哥的100多家商店都对索尼彩电的销售开始感兴趣，不出3年，索尼彩电在芝加哥的市场占有率达到了30%。

不善于运用联想思维和没有敏感度的人，也许很难在"小孩子牵牛"与"彩电开拓市场"之间找到什么相关联的因素，就像常人难以想象"猪肉加工"与"汽车制造"有什么相通之处一样。但是，亨利·福特与卯木肇在联想思维的运用方面为我们做了一个榜样。

由此，我们也可以看出，从无关之中找相关需要我们的思维足够灵活，有较强的敏感性，在获取某种外界刺激后能够很快地将该事物与自己所遇到的问题进行联系，这样，不但有效地解决了问题，而且可以取得卓越的成绩。

👁 风马牛有时也能相及

一位漫画家在市场上买到了两斤注水猪肉，为商人不讲诚信而愤怒，抓住这件事展开了即时联想，挥笔画出"抗旱"的漫画。漫画把注水肉与抗旱巧妙地联系在一起，农民抗旱浇水用的竟是一头注水肥猪，水流从注水肥猪大口中喷涌而出，让人忍俊不禁。

相传古时有一位皇帝曾以"深山藏古寺"为题，招集天下画匠作画。评委最后选了3幅画。第一幅画在万木丛中显露出古寺一角；第二幅画在景色秀丽的半山腰伸出了一根幡；第三幅画只见一个老和尚从山下溪边挑水，沿着山路缓缓而上，而远处只见一片山林，根本无从寻觅寺庙的踪迹。

皇帝找大臣合议选中了这幅"深山藏古寺"图

　　皇帝找大臣合议后最终选了第三幅画。为什么要选第三幅画呢？因为"深山藏古寺"的画题虽然看似简单，但包含一个"深"和一个"藏"字，这就需要画家去思考，看如何将这两个意思体现出来。第一幅画太露，"万木丛中显露出古寺一角"，体现不出"深""藏"的意思；第二幅似乎好一些，但一根幡仍然点明此处是一座庙宇，只不过被树丛包围，一下子看不到其全貌而已，仍然达不到"深""藏"的要求；第三幅画，以老和尚挑水，体现老和尚来自"古寺"，而老和尚所要归去之处，即寺庙"只在此山中，云深不知处"，足以见此"古寺"藏在深山中。看到此画的人莫不惊叹作者巧妙的构思和奇特的想象，而这幅画也当之无愧地独占鳌头。

这个故事能给我们思想上什么启发呢？最大的启发是第三幅画的作者在构思这幅画时运用了丰富的联想，使人从"和尚"自然联想到"寺庙"，从"老和尚"再进一步联想到这座寺庙年代已经很久远了，是座"古寺"，从老和尚挑水沿着山路缓缓而上，而远处只见一片山林不见寺庙，联想到这座"古寺"被深深地藏在山中。

正因为该画的作者运用了意味无穷的联想思维，才使见到此画的人为其巧妙的构思和画的意境所折服。

古时有人经营了一家旅馆，由于经营不善濒临倒闭。正好碰上阿凡提经过这里，就向旅馆老板献策：将旅馆周围进行重新装饰。到了夏日，将墙面涂成绿色；到了冬日，再将墙面饰成粉红色。旅馆老板按阿凡提所说的做了之后，果然很是吸引顿客，生意渐渐兴隆起来。

这其中的奥秘在哪儿呢？原来，阿凡提运用的是人们的联想思维，让一种感觉引起另一种感觉。这种心理现象实际也是感觉相互作用的结果。

这就是通过改变颜色，使不同颜色产生不同的心理效果，从而起到吸引顾客的作用：一般认为绿色、青色和蓝色等颜色能使人联想到蓝天和大海，使人产生清凉的感觉，这些颜色称为冷色。而红色、橙色和黄色等颜色能使人联想到阳光和火焰而产生温暖的感觉，这三种颜色称为暖色。

1 000 多年前，埃及有位音乐家名叫莫可里，一个盛夏的早晨，他在尼罗河边悠闲地散步。偶然间，他的脚踢到一个什么东西，发出一声悦耳的声响。他拾起来一看，原来是一个乌

龟壳。乌龟壳能够发出清脆悦耳的声响，这引起了莫可里的兴趣。莫可里拿着乌龟壳兴冲冲地回到家里，再三端详，反复思索，不断试验，终于根据乌龟壳内的空气振动而发声的原理，制出了世界上第一把小提琴。

乌龟壳与乐器看似风马牛不相及，但莫可里从乌龟壳的发音想到了制作乐器，从而造就了可以奏出当今世界上无数人为之陶醉与享受的西洋名乐的乐器。

◉ 讨论激发联想力

著名的物理学家卢瑟福的工作室是世界著名的实验室，它为自己的实验室创设了一种充满宽松、自由的学术氛围，就是在这种这种特殊的氛围中，年轻的学子玻尔进入该实验室仅仅一年，就为他的导师解决了原子结构之谜。

玻尔在回忆中曾说："卢瑟福教授倾听学生发言时，就好像恭听一位公认的科学权威的意见。这样一个民主、和谐的团体，怎么能不成果累累呢？"也就是说，年轻的玻尔在这里工作得心情愉快，如鱼得水，他可以畅所欲言，可以充分地发挥潜能，所以攻克科学难关也自然就是顺理成章的事了。

卢瑟福实验室有一个制度，就是每天下午 4：00 为实验室的"茶时"——休息时间。人们不分职务和级别，随意参加。天文、地理、新闻、课题、实验、趣闻无所不谈，很多新的观念在这里阐发，许多疑难在此解开，它被认为是实验室一天中最愉快的时刻。每个星期五的下午，卢瑟福还要让妻子玛丽准备一个茶会，招待他的学生和助手。大家边喝茶吃点心，边讨论和思考问题。许多新思想、新实验方案在这种时刻滚滚而来。

玻尔特别喜欢参加实验室的"茶时"讨论，因为这是激发潜在创造力的时刻，通过和别人的讨论来取人之长，补己之

卢瑟福实验室的茶会

短，他说他不断地从其他物理学家身上汲取到科学的营养。

　　其实，这就是通过讨论激发参与者的联想。古往今来，人类一直是在无意、有意中通过各种联想，不断从身边事物中获得启示，从而创造了无数的工具和方法，为自己的生存和发展创造了条件。正如日本发明家高桥浩所说："联想是打开沉睡在头脑深处记忆的最简便和最适宜的钥匙。"所以，我们在平时的生活和工作中，就应该多与同行进行探讨交流，引发"脑力激荡"，形成新的思想。

　　这里，我们也不妨向大家介绍几种培养联想力的方法：

(1) 创造一个思考的氛围：我们应该拥有一个讨论的空间，和同行、朋友们一起开动大脑，共同思考，形成互动，创设一种共同努力、共同进步的氛围。讨论本身就能激发思考，增长见识，并有助于思维的发散。凡是有所成就的人，一般都很善于从互相的讨论交流中学习。

(2) 要善于思考：思考的一个重要特征就是长于疑、善于问。爱因斯坦曾说："提出一个问题，往往比解决一个问题更重要。"所以，深入学习就要注意防止和克服"浅阅读"的现象。所谓"浅阅读"，主要表现为许多人喜欢读不动脑子的休闲书。读书可用于休闲，但决不应止于休闲。看点适合自己口味的书是可以的，但寻找精神食粮，提高思想境界，应该多读一些经典名著，读一些有思想、有理论、知识丰富的书。

(3) 注意知识的积累：著名科学家华罗庚讲过一句话，"天才在于勤奋，聪明在于积累。"只有不断地深入学习、积累知识，不断地更新知识储备，对知识的吸纳才能更丰富、更有效。一个人能否抓住机遇，关键在他自身的知识积累与准备，只有充分的积累和准备，才能在机遇到来时及时地发现它、抓住它。

(4) 学会自由联想：有了知识的储备，也能独立思考，但有时还需要学会自由的联想，也就是在自己的心理活动中经常产生一种不受任何限制的遐想。这种遐想成功的概率虽然不高，但有时它可能收到意想不到的效果。荷兰生物学家列文虎克就曾从自由联想中发现了微生物。这一发现，打开了自然界一扇神秘的窗户，揭示了生命的新篇章。

👁 学会有创意地联想

爱因斯坦在读中学的时候，一天，看到骤雨过后的天空射下的亮丽光柱，突然想到了这么一个问题：人要是乘坐着以光速飞行的宇宙飞船去旅行将会看到何种景象？爱因斯坦由此展开了自由的联想，从此踏上了相对论的发现之旅。

用高射炮、导弹、火箭可以打飞机，还有没有更巧妙的办法？人们联想到鸟碰撞飞机可让飞机受损，于是奇想到，只要有鸡蛋大的颗粒碰上飞机，飞机就可能坠毁，故打飞机不用炮弹是完全可能的。这样，在敌机经常活动的空域里，撒上鸡蛋大或花生米大小的非金属半浮式颗粒（半浮式颗粒可在空中停留一段时间，然后才缓慢下落），它不反射雷达波，敌机无法测得。飞机时速越大，与颗粒碰撞的力就越大，颗粒可进入喷气发动机打坏叶片，击穿油箱，使之失去动力，起火爆炸。

把爆破与治疗肾结石联想到一起，也可谓一个伟大的创举。目前的定向爆破技术，能将一幢高层建筑炸成粉末，同时又不影响旁边的其他建筑物。医学家们由此联想到了医治病人的肾结石。他们经过精确的计算，把炸药的分量减少到恰好能炸碎病人肾脏里的结石，而又不影响病人的肾脏本身。这种在医学上被称为微爆破技术的治疗手段，为众多肾结石病人解除了病痛。

20 世纪中叶，日本一支探险队来到南极，为了进行较长时间的考察，他们准备在南极过冬。队员们冒着严寒在南极冰盖上建立了一个基地。

为了把运输船上的汽油运到基地，他们开始铺设管道，把一根一根的铁管子连接起来，形成一条输油管。但由于事先考虑不周，带去的管子都用完了，可是还没有接到运输船上。这下他们傻眼了，在船上翻箱倒柜也没找到可以替代管子的东西。如果发电报，请求国内运铁管来，至少需要一个多月的时间。然而，如果不接通输油管，那么整个基地就没有取暖的燃

料，大伙都会冻成"冰棍"。怎么办？大家你看看我，我看看你，毫无办法。

这时候，队长想出了一个奇特的法子，非常简单地解决了这一难题。

队长建议用冰来做管子。他们先把绷带缠在已有的铁管上，再在上面淋上水，在南极的低温下，水很快就结成冰。然后再拔出铁管，这不就成了冰管子了吗？然后把它们接起来，想要多长就有多长。

水是液体，冰是固体，只要温度足够低，液体水就可以轻易地变成固态冰，而固态冰可以当作输油管道的材料用。这样的联想不能不说是奇特，但是在善于运用创意解决问题的高手那里，似乎就在一念之间。

联想不问对错，奇想越多越好，越不可思议越好。同样是水，有人就想到充分利用海洋的广阔天地：现代城市人口拥挤、住房如此紧张，何不向海洋进军？由此引发了"海底球形住宅"的奇想。

熨衣服很费时，有人发现床单洗后用稀薄浆水浸一下，晾干挺括，从中得到启示，于是奇想到有一种"免烫液"，喷在衣服上，使衣服平整不用烫。

野外作业者，搞测绘或地层取样，遇到下雨天，就无法进行工作了。有人发现蜡纸是防水的，在蜡纸背面涂上蓝色或黑色，像复写纸，再把蜡纸紧贴在一般纸上密封，用硬笔在蜡纸上刻画，字迹便会留在纸上。于是这一奇想就有了"雨天书写的笔和纸"。

我国一位下岗工人看到大家很喜欢吃烤肉串、烤鸡翅等烧烤食品，他就想，鸡蛋的吃法有蒸、煮、炒和炸四种，能不能创造第五种吃法——烤鸡蛋呢？经过反复实验，他终于获得了成功。烤鸡蛋风味独特，深受大众的喜爱，这位下岗工人也从此有了自己事业。

由此可见，不管是什么人，无论伟人或常人，只要打破一切束缚和框框，大胆联想，都能拓宽视野，产生奇思妙想的思维成果。

范霍夫与立体化学

19 世纪中叶，关于有机化合物的经典结构理论，已经由凯库勒和俄国化学家布特列洛夫等人建立起来。但同时，人们越来越多地发现某些有机化合物具有旋光异构的现象。法国人巴斯德首先发现酒石酸、葡萄酸等具有左旋和右旋两种不同结构。后来，德国化学家威利森努斯也发现了乳酸的旋光异构现象。荷兰物理化学家范霍夫当时在巴黎由著名化学家武兹指导，他同勒贝尔分别对某些有机化合物的旋光异构现象进行了广泛的实验和探索。

雅可比·亨利克·范霍夫
（1852—1911 年）

1874 年的一天，范霍夫坐在乌德勒支大学的图书馆里，认真地阅读着威利森努斯研究乳酸的一篇论文，他随手在纸上画出了乳酸的化学式，当他把视线集中到分子中心的一个碳原子上时，他立即联想到，如果将这个碳原子上的不同取代基都换成氢原子的话，那么这个乳酸分子就变成了一个甲烷分子。由此他想像，甲烷分子中的氢原子和碳原子若不排列在同一个平面上，情况会怎样呢？这个偶然产生的想法使范霍夫激动地奔跑出了图书馆，他在大街

上边走边想，让甲烷分子中的 4 个氢原子不与碳原子排列在一个平面上是否可行呢？这时，具有广博的数学、物理学等知识的范霍夫突然想起，在自然界中一切物质都趋向于最小能量的状态。因此，要使分子能量最低，只有当氢原子均匀地分布在一个碳原子周围的空间时才能实现。那么在空间里甲烷分子是个什么样子呢？范霍夫猛然领悟，正四面体！只有正四面体才是甲烷分子的最恰当空间排列方式。他由此进一步想象出，假如用 4 个不同的取代基换去碳原子周围的氢原子，显然，它们可能在空间有两种不同的排列方式。想到这里，范霍夫重新跑回图书馆坐下来，在乳酸的化学式旁画出了两个正四面体，并且一个是另一个的镜像。他把自己的想法归纳了一下，惊奇地发现：物质的旋光特性差异是否就是这种空间结构引起的？根据这一想法，他于 1875 年发表了《空间化学》一文，首次提出了"不对称碳原子"的新概念。他大胆地假设：因为不对称碳原子的存在，使酒石酸分子产生两个变体——右旋酒石酸和左旋酒石酸，二者混合后，可得到光学上不活泼的外消旋酒石酸。尽管只是一种假说，但其后的事实——验证了范霍夫的观点，人们运用"正四面体结构"的学说，成功地解释了许多物质的旋光异构现象。

荷兰乌德勒支大学的物理学教授毕易·巴洛称："这是一个出色的假说！我认为，它将在有机化学方面引起变革。"著名有机化学家威利森努斯教授写信给范霍夫说："您在理论方面的研究成果使我感到非常高兴。我在您的文章中，不仅看到了说明迄今未弄清楚的事实的极其机智的尝试，而且我也相信，这种尝

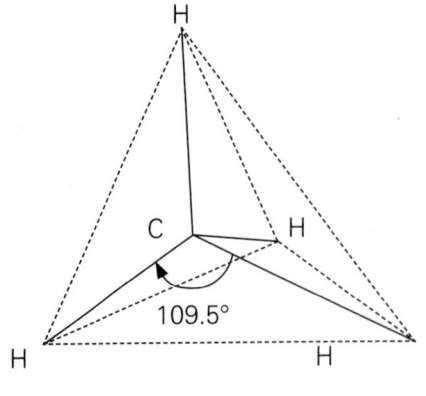

甲烷分子的立体结构

试在我们这门科学中……将具有划时代的意义。"他们都积极支持和鼓励范霍夫把自己的论文译成法文、德文等多种文字予以广泛传播。

然而在当时，许多人还不了解新学说的真正含义，他们甚至激烈反对范霍夫的观点。德国莱比锡的赫尔曼·柯尔贝教授写文章尖锐地讽刺说："有一位乌德勒支兽医学院的范霍夫博士，对精确的化学研究不感兴趣。在他的《立体化学》中宣告说，他认为最方便的是乘上他从兽医学院租来的飞马，当他勇敢地飞向化学的帕纳萨斯山的顶峰时，他发现，原子是如何自行地在宇宙空间中组合起来的。"而菲谛格等人却断言范霍夫的假说与物理定律不相容。

但是，这些反对意见不仅没有损害范霍夫的新理论，反而为这一理论的推广和传播起了宣传作用，因为那些凡是读过柯尔贝等人的尖锐评论文章的人，都会对范霍夫的理论发生兴趣，都要去了解一下他论文的内容。于是，反倒使新理论在科学界迅速传播开来。正如拜伦说过的话一样："一朝醒来，名声大噪。"柯尔贝等人的批评竟使范霍夫成了显赫一时的人物。不久，范霍夫就被阿姆斯特丹大学聘为讲师，1878 年又晋升为化学教授。

范霍夫首创的"不对称碳原子"概念，以及碳的正四面体构型假说（有时又称为范霍夫—勒贝尔模型）的建立，标志着立体化学的诞生。1901 年 12 月 10 日，他成为世界上第一个诺贝尔化学奖的获得者，并在斯德哥尔摩瑞典科学院举行的隆重的授奖仪式上发表了重要演讲。

自此以后，范霍夫毕生从事溶液中的物质性状的研究，并证明了支配液体性状的定律类似于支配气体性状的定律，他在化学热力学与化学亲合力、化学动力学和稀溶液的渗透压及有

关规律等方面都有很深入的研究，取得了丰硕的成果。

范霍夫在化学上的开创性贡献，表明他高于前人和他的同时代人。他很重视实验，但又不像当时绝大多数科学家那样局限于狭隘的经验，他善于巧妙地运用数学方法去整理实验结果，并注意用类比等逻辑推理从数学方程式里面推导出定量的公式，这是他创立物理化学新学科的重要方法。而在立体化学创立过程中，则主要体现了他对联想思维、模型方法以及科学假说的灵活应用，他总是站在哲学的高度去把握问题的精髓，因而胜人一筹。

👁 六氟合铂酸氙的合成

在化学研究的历史上，过去人们一直认为稀有气体极不活泼，不能与其他物质发生反应，因而早期人们称这些气体为"惰性气体"。这种绝对化的观念长期阻碍了人们对稀有气体化合物的研究。

1932 年，前苏联的化学家阿因托波夫曾报道，他在液体空气冷却器内，用放电法使氦与氯、溴反应，制得了较氯易挥发的暗红色物质，并认为这是氦的卤化物。但当有人采用他的方法重复实验时却未能获得成功。阿因托波夫就此否定了自己的报道，认为所谓氦的卤化物实际上是氧化氮和卤化氢，并非氦的卤化物。

1933 年，美国著名化学家鲍林通过对离子半径的计算，曾预言可以制得六氟化氙（XeF_6）、六氟化氪（KrF_6）、氙

一种稀有气体化合物的晶体

酸及其盐。扬斯特受阿因托波夫的第一个报道和鲍林预言的启发，用紫外线照射和放电法试图合成氟化氚和氯化氚，但均未获成功。他在放电法合成氟化氚的实验中将氟和氚按一定比例混合后，在铜电极间施以 30 000 伏的电压，进行火花放电，始终未能检测出氟化氚的生成。扬斯特由于对传统观念心有余悸，没有继续坚持实验，使一个极有希望的方法半途而废。结果，就因为这一系列的失败，致使在以后的 30 多年中很少有人再涉足这一研究领域。

更令人遗憾的是，这些试图合成稀有气体化合物的化学家经过无数次的失败后，鲍林也在 1961 年否定了自己原来的预言，认为"氚在化学上是完全不反应的，它无论如何都没有生成通常含有共价键或离子键化合物的能力"。

然而，历史的发展颇具戏剧性，就在鲍林否定其预言的第二年，第一个稀有气体化合物——六氟合铂酸氙（$XePtF_6$）竟奇迹般地出现了，由此开创了稀有气体化学研究的崭新领域。

1962 年，青年化学家巴特列特首先用六氟化铂与等摩尔氧气在室温条件下混合反应，得到了一种深红色固体，经 X 射线衍射分析和其他实验确认，此化合物的化学式为 O_2PtF_6，反应的化学方程式为：$O_2 + PtF_6 = O_2PtF_6$ ——这是人类第一次制得氧元素的正价盐，证明六氟化铂是能够氧化氧分子的强氧化剂。在这个反应里，整个氧分子失去一个电子，因此铂的氧化数是 +5。

巴特列特头脑机敏，善于联想、类比和推理。他考虑到氧气的第一电离能是 1 175.7 千焦 / 摩尔，氙的第一电离能是 1 175.5 千焦 / 摩尔，比氧分子的第一电离能还略低，既然氧气可以被六氟化铂氧化，那么氙也应该能被六氟化铂氧化。他同时还计算了晶格能，若生成六氟合铂酸氙，其晶格能只比

六氟合铂酸氧小 41.84 千焦 / 摩尔。这说明六氟合铂酸氙一旦生成，也应能稳定存在。于是巴特列特根据以上推论，仿照合成六氟合铂酸氧的方法，将六氟化铂的蒸气与等摩尔的氙混合，在室温下竟然轻而易举地得到了一种橙黄色固体六氟合铂酸氙，反应的化学方程式为：$Xe+PtF_6 = XePtF_6$。该化合物在室温下稳定，其蒸气压很低。它不溶于非极性溶剂四氯化碳，这说明它可能是离子型化合物。它在真空中加热可以升华，遇水则迅速水解，并逸出气体：$2XePtF_6+6H_2O = 2Xe \uparrow +O_2 \uparrow +2PtO_2+12HF$。

这样，具有历史意义的第一个含有化学键的"惰性"气体化合物诞生了。1962 年 6 月，巴特列特在英国 *Proccedings of the Chemical Society* 杂志上发表了一篇重要短文，正式向化学界公布了自己的实验报告。

这一报告的公布当时震惊了全世界，因为它打破了惰性元素合成化合物的禁区！数百年来，惰性元素一直被排斥于合成化学研究的范围之外，人们对它们好象贵族似的"冷漠无情"而"敬而远之"，尊称它们为"贵族元素"而"束之高阁"，现在人们终于开始重新认识这些元素的所谓"惰性"了，并从此将"惰性元素"正式改名为"稀有气体"。

近几十多年来，人们无论在"惰性"元素新化合物的制备方面、化学键的理论方面，还是实际应用上，对"惰性元素"的研究都取得了崭新的成果，并且在化学学科内逐步形成了一门新的分支——"稀有气体化学"。

◉ "人造血液"的诞生

俗话说："一只老鼠坏了一锅汤。"然而，在科学研究里，一只老鼠掉进"汤"里，却引起了科学家的极大兴趣，促使了

"人造血液"的诞生。

美国科学家利兰·克拉克教授以对学生的严格要求而著称。一次，他的助手正在用氟碳化合物做实验，这一做就是3个多小时，现在总算做完了。正当大家收拾仪器时，突然一只做实验用的小白鼠掉进了液态氟碳化合物里。

"糟糕!"年轻的助手轻轻地叫了一声。但他见大家都在忙着整理实验器具，谁也没在意，想不吭声地将这件事情马虎过去。

谁知这恰恰被克拉克教授看见了。克拉克教授走近玻璃容器，看着正在液体里游动的老鼠，非但没有生气，反而对此十分感兴趣，他觉得这种现象十分反常。

一直提心吊胆的助手，这才松了口气。他原以为自己今天闯大祸了，没想到还引来一桩让导师感兴趣的事来。

这时大家全围过来，都觉得很蹊跷："小白鼠掉进水里都淹死，掉在化学溶液中更免不了一死，怎么掉在氟碳化合物里面就不死呢?"

克拉克仔细观察了一会，然后让他的助手把小白鼠捞上来，不料小白鼠抖掉身上的液体，竟然一下子跑掉了。

这真是有点奇特，说出去别人也许不会相信，但它的确是事实。克拉克没有轻易放过这一偶然现象，而是抓住这一现象进行了深入分析：这究竟是小白鼠的奇异功能，还是氟碳化合物有某些特殊的性质? 最后克拉克认定，问题不应该在小白鼠身上，而应该在氟碳化合物上! 于是，他对开始了对氟碳化合物的试验。

经过多项测定分析，他发现氟碳化合物具有溶解和释放氧气、二氧化碳的能力。也就是说，氟碳化合物中既含有大量氧气，同时也能使二氧化碳释放出。这样小白鼠掉在里面，照样

红血球

老鼠为什么掉在氟化碳溶液中不会淹死

能够进行呼吸，所以小白鼠就不会窒息而死了。

科学家的敏锐，使他立刻联想到：在人的血液里，红血球是负责运输工作的，即输送氧气，又运载二氧化碳，既然氟碳化合物也有同样的作用，能不能用它来代替人的血液呢？

克拉克立即将上述发现及自己的研究成果撰文发表，他在文中大胆提出了以氟碳化合物替代人血的初步构想。他期望借此与有兴趣的同仁们共同探讨。

克拉克的文章发表后，的确引起了一些科学家的注意。日本医学工作者内藤良一对此尤其感兴趣。他给克拉克教授发函，表示完全赞成他的推断，并专程赶往美国，拜见了克拉克，表示要共同研究这一全新的课题。

回到日本后，内藤良一马上动手实验，一场利用氟碳化合物研制人造血液的攻坚战打响了。经过几十年的努力，内藤良一和同伴们做了不计其数的实验，终于制出了一种白色的人造血液。这种人造血就是一种氟碳化合物，既对人体无害，又可以很均匀地溶合在人的血液里，承担起运输氧气和二氧化碳的任务，也就是说它完全可以代替人的血液。内藤良一先用人造血液在猴子身上试验，结果证明完全可行。其后他不顾家人的反对，将这种"白色血"输入自己的血管，结果"自我感觉良好"。

1979 年 4 月 3 日，一位 61 岁的日本老人因患胃溃疡，吐了大量的血，生命垂危。医生认为必须马上给他动手术输血，可是，这位病人的血型极为罕见，医院里根本没有这种血型的血浆。主持手术的内藤良一医生当机立断，把 1 000 毫升白色液体注射到病人体内，然后进行手术。结果，病人得救了。

内藤良一发明的人造血液成功地救活了一个濒临死亡的病人，立刻见诸日本的各大报端，全日本、世界都知道了。从此人造血液投入工业生产，并开始走入世界各国的医院，为急需输血的病人带来了福音。

7 系统思维法

"系统"这个词最早出现于古希腊语中，希腊文即为"部分组成的整体"之意，它反映了人们对事物的一种认识方法，其内容就是系统论或系统学。系统论作为一种普遍的方法论是迄今为止人类所掌握的最高级思维模式。

整体认识事物的方法

系统思维是把认识对象作为系统，从系统和要素、要素和要素、系统和环境的相互联系、相互作用中综合地考察认识对象的一种思维方法。简单地说，就是要对事情全面地思考，不只是就事论事，它把想要达到的结果、实施过程、优化举措以及对未来的影响等系列问题作为系统整体来考虑。

宇宙中一切物质的存在及运动——从无机界到有机界，从大自然到人工自然，从人类社会到人类思维，从微观的基本粒子到宏观的宇宙星团，无一不是自构序列，自成系统。因此，系统思维方式的客观依据，就是系统物质存在和运动的普遍方式和基本属性，思维的系统性与客体的系统性是完全一致的。

系统思维的特点，可归纳为整体性、结构性、立体性、动态性和综合性五点。

整体性：系统思维方式的整体性是由客观事物的整体性所决定的，整体性是系统思维方式的基本特征，它存在于系统思维运动的始终，也体现在系统思维的成果中。整体性是建立在整体与部分之辩证关系基础上的。整体与部分密不可分。整体的属性和功能是部分按一定方式相互作用、相互联系所形成的。而整体也正是依据这种相互联系、相互作用的方式实行对部分的支配。

结构性：系统思维方式的结构性，就是把系统科学的结构理论作为思维方式的指导，强调从系统的结构去认识系统的整体功能，并从中寻找系统最优结构，进而获得最佳系统功能。

立体性：系统思维方式是一种开放型的立体思维。它以纵横交错的现代科学知识为思维参照系，使思维对象处于纵横交错的交叉点上。在思维过程中，既注意进行纵向比

—————— 系统思维 ——————

把对象作为系统，
整体认识事物的方法  概念

(1)整体性：由客观事物的整体性所决定
(2)结构性：强调从结构去认识系统的功能
(3)立体性：是一种开放型的立体性思维  特性
(4)动态性：系统诸要素间的联系是动态的
(5)综合性：从多侧面多功能把握系统整体

(1)整体法：把思考问题的方向对准全局和整体
(2)结构法：强调系统内部结构的合理性
(3)要素法：发挥系统各要素的不同作用 方法
(4)功能法：从大局出发调整系统内各部分的功能

顺应现代化大经济、
大科学发展的客观要求  意义

什么是系统思维

较，又注意进行横向比较；既注意了解思维对象与其他客体的横向联系，又能认识思维对象的纵向发展，从而全面准确地把握思维对象的规定性。

动态性：系统的稳定是相对的。任何系统都有自己的生成、发展和灭亡的过程。因此，系统内部诸要素之间的联系及系统与外部环境之间的联系都不是静态的，都与时间密切相关，并会随时间不断地变化。

综合性：综合，本身是人的思维的一个方面，任何思维过

统揽全局的系统思维

程都包含着综合或综合的因素。它有两方面的含义：一是任何系统整体都是这些或那些要素为特定目的而构成的综合体；二是任何系统整体的研究，都必须对它的成分、层次、结构、功能、内外联系方式的立体网络作全面的综合考察，这样才能从多侧面、多因果、多功能、多效益上把握系统整体。

正是系统思维的上述特点，决定了其独特的应用方法。在科学研究和日常的生活工作中，我们都应该学会运用系统思维的方法。

整体法：整体法是在分析和处理问题的过程中，始终从整体来考虑，把整体放在第一位，而不是让任何部分的东西凌驾于整体之上。整体法要求把思考问题的方向对准全局和整体、从全局和整体出发。如果在应该运用整体思维进行思维的时候，不用整体思维法，那么无论在宏观或是微观方面，都会受到损害。

结构法：进行系统思维时，注意系统内部结构的合理性。系统由各部分组成，部分与部分之间组合是否合理，对系统有很大影响，这就是系统中的结构问题。通常所说好的结构，是指组成系统的各部分间构造合理，是一种有机的联系。

要素法：每一个系统都由各种各样的因素构成，其中相对具有重要意义的因素称之为构成要素。要使整个系统正常运转并发挥最好的作用或处于最佳状态，必须对各要素全面考察，充分发挥各要素的不同作用。

功能法：功能法是指为了使系统呈现出最佳态势，从大局出发来调整或是改变系统内部各部分的功能与作用。在此过程中，可能是使所有部分都向更好的方面改变，从而使系统状态更佳，也可能为了求得系统的全局利益，以降低系统某部分的功能为代价。

　　运用系统思维方法综合地考察和处理问题，是现代化大经济、大科学发展的客观要求。当今许多工业化国家把发展以各种新工艺为基础的综合性自动化生产，建立综合性无废料生产当成是更新生产力的合乎规律的方向。许多农业先进国家已经将生态系统的原理用于规划、设计、建设和组织农业生产系统和农村生活系统以至农业政策系统，引起了农业生态系统的综合化，这种把农业技术系统同农业生态系统有目的地进行整合，是现代系统化大农业发展的趋势。至于现代的信息产业、宇宙工业、海洋开发等新兴产业，更是应用系统科学理论对单科单项技术进行综合配套和综合调控的产物。

　　因此我们说，系统思维是以系统论的思想去认识事物的一种思维方法，它是现代思维中一种十分重要的解决问题的方法。由于现代科技的发展要求人们不断揭示不同物质运动形式内在的共同属性与共同规律，这就必然要求人们学会系统思维，从整体看待事物。

◉ 由要素联系到整体

　　系统思维是"看见整体"的一项修炼，它是一种思维框架，能让我们看到相互关联的非单一的事情，看见渐渐变化的形态而非瞬间即逝的一幕。这种思维方法可以使我们敏锐地预见到事物整体的微妙变化，从而对这种变化制定出相应的对策。

　　美国人民航空公司在营运状况仍然良好的时候，麻省理工学院系统动力学教授约翰·史德门就预言其必然倒闭，果然不出其所料，两年后这家公司就倒闭了。

　　史德门教授并没有掌握很多的业务数据，他只是运用了系统思考法对人民航空公司的"内部结构"进行了观察，发现这个公司组织内部一些因果关系尚未"搭配"好，而公司的发展又太快，当系统运转速度越快，且系统环扣得越紧，就越容易出现问题。走错一步，满盘皆输。

史德门教授正是运用了系统思维的方法，透过现象看到了问题的本质。

系统思维法是一种将各要素之间点对点的关系整合成系统关系的方法，在一般人的眼中，也许甲和乙是没有关系的两个独立个体，但是，以系统思维法去考察，却能够发现，这两个貌似独立的个体是一个息息相关的整体。那么，在处理问题时，就需要将甲和乙两部分同时纳入其中去考虑，就像下面的这个故事一样：

唐拉德·希尔顿
（1887—1979 年）

一次，"酒店大王"希尔顿在盖一座酒店时，突然出现资金困难，导致工程无法继续下去。在实在没有办法的情况下，他突然心生一计，找到那位卖地皮给自己的商人，告知自己没钱盖房子了。地产商漫不经心地说："那就停工吧，等有钱时再盖。"

希尔顿回答："这我知道。但是，假如一直拖延着不盖，恐怕受损失的不止我一个，说不定你的损失比我还大。"

地产商十分不解。希尔顿接着说："你知道，自从我买你的地皮盖房子以来，周围的地价已经涨了不少。如果我的房子停下来不建，你的这些地皮的价格就会大受影响。如果再有人宣传一下，说我这房子暂时不盖了，原因是地段不好，准备另迁新址，那恐怕你的地皮就更卖

希尔顿想到盖酒店与地价间的关联

不上价钱了。"

"那你想怎么办？"

"很简单，你将房子盖好再卖给我。我当然要给你钱，但不是现在给你，而是从营业后的利润中分期返还。"

尽管地产商极不情愿，但他也是一个聪明人，仔细考虑，觉得希尔顿说的确有道理，更何况，他对希尔顿的经营才能是很佩服的，相信他早晚会还这笔钱，于是便答应了他的要求。

在很多人眼里，这本来是一件完全不可能做到的事：自己买地皮建房，但是出钱建房的却不是自己，而是卖地皮给自己的地产商，而且"买"的时候还不给钱，而是用以后的营业利润还，有这样的好事吗？但是希尔顿的确做到了。

为何希尔顿能够创造这种常人不可思议的奇迹呢？这就在于他妙用了系统思维的智慧。其中最根本的一条，是他把握了自己与对方不只是一种简单的地皮买卖关系，更是一个彼此关联的系统整体——处于一个一损俱损、一荣俱荣的利益共同体中。

从上面的例子我们也可以看出：在系统思维中，整体与要素的关系是辩证统一的。整体离不开要素组合，但要素也只有在整体中才能成其为要素。从其性能、地位和作用看，整体起着主导、统帅的作用。因此，我们观察和处理问题时，必须着眼于事物的整体，把整体的功能和效益作为我们认识和解决问题的出发点和归宿。

👁 从整体去把握事物

要运用好系统思维，就要学会从全局整体把握事物及其进展情况，重视部分与整体的联系，这样才能很好地从整体上把握事物。

第二次世界大战期间，在伦敦英美后勤司令部的墙上，醒目地写着一首古老的歌谣：

因为一枚铁钉，毁了一只马掌；

因为一只马掌，损了一匹战马；

因为一匹战马，失去一位将军；

因为一位将军，输了一次战斗；

因为一次战斗，丢掉一场战役；

因为一场战役，亡了一个帝国。

这一切，全都是因为一枚马蹄铁钉引起的。

这首歌谣质朴而形象地说明了细节的重要性，精确地点出了要素与系统、部分与整体的关系。

世界上任何事物都可以看成是一个系统，系统是普遍存在的。大至渺茫的宇宙，小至微观粒子，一粒种子、一群蜜蜂、一台机器、一个工厂、一个学校团体……都是系统，整个世界就是系统的集合。

系统论的基本思想方法告诉我们，当我们面对一个问题时，必须将问题当做一个系统，从整体出发去看待问题，分析系统的内部关联，研究系统、要素、环境三者的相互关系和变

保险柜店前的悬赏张贴吸引了顾客

动的规律性。

有一位叫摩斯的年轻人，他在纽约市的一个热闹地区租了一家店铺，满怀希望地选了个好日子开始做保险柜的买卖。然而却生意惨淡，每天虽有成千上万的人从他店前来来去去，但就是很少有人光顾。

看着店面前川流不息的人群，摩斯思来想去，终于想出一个突破困境的办法。

第二天，他匆匆忙忙前往警察局借来正在被通缉中的盗窃罪犯的照片，并把照片放大好几倍，然后把它们贴在店铺的玻璃上，照片下面附上一张说明。

贴出来以后，来来去去的行人都被大照片所吸引，抱着好奇心纷纷驻足观看。人们看到了逃犯的照片和说明，心生一种恐惧心理，突然感觉到自己家里的财物似乎也不安全，本来不想买保险柜的人，此时也进来看一看，想买上一台。结果，他的生意立即红火，门可罗雀的店铺突然变得门庭若市。就这样，不费吹灰之力，保险柜头一个月就卖出 48 台，第二个月卖出 72 台，以后每月都卖出七八十台。

不仅如此，因为他贴出了逃犯的照片，使警察很快地缉拿到了案犯，因此，摩斯还荣幸地领到了警察局的表彰奖，报纸也作了相关的报道。他更毫不客气地把表彰奖状连同报纸一起贴在店铺的玻璃窗上，由此锦上添花，他的生意做得更加红火。

另有一个故事，也值得我们去反省和思考。

有一年秋天，稻田里一片金黄，稻浪随风起伏，一派丰收景象。令人奇怪的是，就在这片稻浪中，有一块地的水稻稀稀落落，枯黄矮小，与大片金灿灿的稻田成了鲜明的对照。

这是怎么回事呢？原来田地的主人急用钱，于是在这块面积为 2.5 亩（1 亩等于 1/15 公顷）的田地上挖去一尺深土，卖给了砖瓦厂，赚了 1 万元钱。由于表面熟土被挖，有机质含量锐减，这年春天的麦苗像锈钉，夏熟麦子收成每亩还不到 150 斤。水稻栽上后，尽管下足了基肥，施足了化肥，长势就是不见好转。

有人给他算了一笔账，夏熟麦子少收 1 000 多斤，损失 400 余元，而秋熟大减产已成定局，损失更大。今后即使加倍施用有机肥，要想这块地恢复元气，至少需要 5 年的时间，经济损失也在 2 万元以上。这么一算，这块农田的主人叫苦不迭，后悔地说："早知道这样，当初就真不该赚这块良田的黑心钱。"

这位麦田的主人原本只是用土换钱，并没有看到表土与庄稼之间的关系，本以为是将无用的东西换成了金钱，结果却让他失去了更多，反而需要花费更多的钱来弥补过去的损失。这就是缺乏系统的眼光和系统思维的结果。

◉ 学习中的整体性原理

整体性原理是系统科学的基本原理。学习中常常会涉及整体和部分的问题，如何处理好这一问题，整体性原理能给我们

杰罗姆·布鲁纳
（1915—　）

以很好的启示。

任何系统只有通过相互联系形成整体结构才能发挥整体功能。或者说，没有整体联系，没有整体的结构，要使系统发挥整体的功能是不可能的。这就是整体原理。

显然，整体是相对部分而言的。一个系统作为整体可分为若干个部分，或称为子系统。整体中各部分相互联系起来，便形成"结构"。科学研究表明，任何系统的整体功能（$E_{整}$），都等于各部分功能的总和（$\Sigma E_{部}$）加上各部分相互联系形成结构产生的新功能（$E_{联}$），它们可以用公式表示如下：

$$E_{整} = \Sigma E_{部} + \Sigma E_{联}$$

（1）当 $\Sigma E_{部} > 0$ 时，$E_{整} > \Sigma E_{联}$，即系统的整体功能大于各部分功能之和；

（2）当 $\Sigma E_{部} = 0$ 时，$E_{整} = \Sigma E_{联}$，即系统的整体功能等于各部分功能之和；

（3）当 $\Sigma E_{部} < 0$ 时，$E_{整} < \Sigma E_{联}$，即系统的整体功能小于各部分功能之和。

（2）、（3）的情况虽然存在，但并不多见，在正常情况下，多以（1）的情况出现。古希腊哲学家亚里士多德早在几千年前就提出："整体功能大于各个部分之总和。"恩格斯也曾说过："许多人协作，许多力量溶合为一个总的力量，用马克思的话说，就造成'新的力量'，这种力量和它的一个个力量的总和有着本质的区别。"

弄清了整体原理，学习者在学习中就应当

注意发挥学习的整体效益。应该知道，零碎的、个别的知识作用不大，只有形成结构的知识才具有整体的功能。在现代学习中，我们就是要利用这种整体功能，去开发自己的学习潜能，从而提高学习活动的效率。

布鲁纳等人曾做过这样的实验，他们将实验学生分为两个等组，一组采取整体法的策略，即从整体出发注意各部分的关系以解决问题，另一组则采用部分法的策略，即从部分出发将各个部分总和合起来解决问题。研究结果表明，无论问题难易或问题的特性如何，问题的解决皆以整体法优于部分法。这说

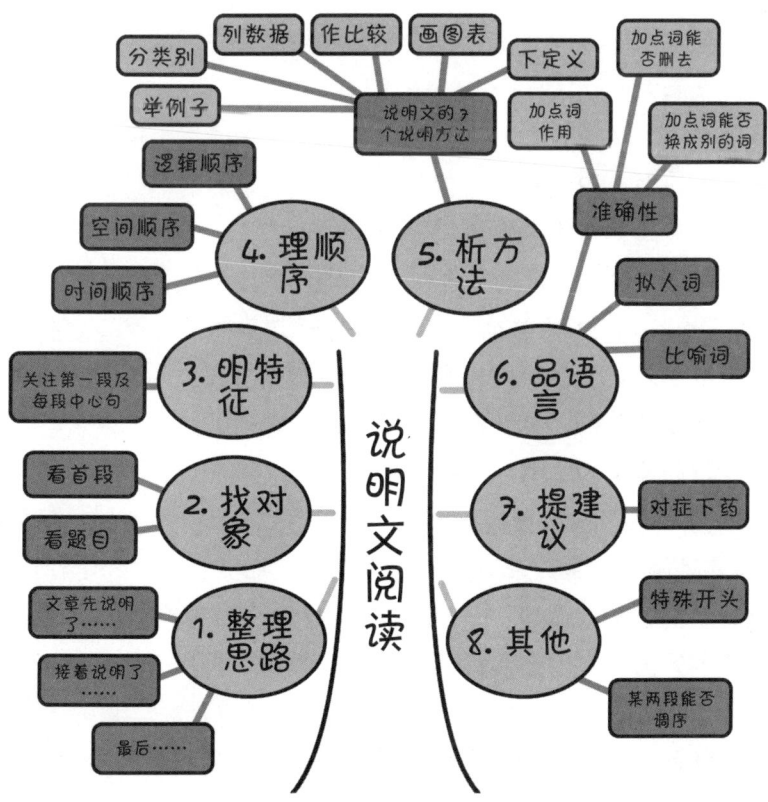

树状的阅读"认知地图"

明，解决问题从整体入手较为有效。

在技能学习中，一系列的实验研究也表明整体法优于部分法。从整体出发自始至终注意各部分的关系，这比从部分出发孤立地进行练习，效果要好得多。例如，在学习计算机程序语言时，如果从部分出发，一开始就一句一句教程序语言，这样的效果不好。如果从整体入手，先讲框图（或流程图），对解决的问题先有一个整体了解，一开始就注意各部分之间的关系，然后再逐句学习程序，这样学习效果就好得多。

因此，我们在日常的学习中应该首选整体法的策略。这就要求首先从整体上把握问题，然后研究各个部分（子系统），研究部分与部分的关系，最后综合为整体解决问题。其学习过程可表示为：整体 → 部分 → 整体。

在以上过程式中，前面的"整体"不同于后面的"整体"。最初（前面）的"整体"较为模糊、朦胧，后来的"整体"则是有血有肉，功能很强。

以上过程式还表明：整体是基础，是出发点；整体也是目标，是归宿。过程式的中间是"部分"，整体法并不否定把系统分解为部分的必要性，只是认为没有整体观念的分解——对问题孤立地分析，是一种不好的解决问题的方法。

譬如读某一本书，最好先浏览一下目录和绪论，然后依次阅读每一章开头的要点，据此画出一张树状的"认知地图"，"认知地图"的每一个分支和每一条路径都标以关键的主题词。这样全局结构就清楚了，随后进行阅读就不会迷失方向。这种阅读的效果，肯定比没有整体观念的情况下直接开始阅读要好得多。

任何一门学科都是由基本概念、基本规律和基本方法等组成的。概念、规律、方法等是相互联系的，这种相互联系就形成了一个体系，形成了一种有序结构，学习就是要从整体上把握这种结构。应该懂得，把握结构是利于记忆、便于应用、举一反三、触类旁通的有力武器，同时也是发现问题、分析问题、解决问题的重要基础，并且它还能提高学习者探索问题的兴趣，从而使我们的学习更为有效。

👁 站得高才能看得远

美国著名的理论化学家莱纳斯·卡尔·鲍林，在大学学习期间他曾从整体出发，构建起了自己独特的知识结构，有人说他在大脑中建立了三个浩瀚的"图书馆"：第一个是传统的化学图书馆，主要是在俄勒冈农学院期间收集的；第二个是从 X 射线研究中积累的原子大小、化学键距离和晶体结构的资料；第三个是数学公式和量子物理学论断。当他的研究生学习临近结束时，鲍林在这三方面的兴趣开始融合成新的思想——鲍林的物理化学思想。

鲍林大学毕业以后，他选择了将物理学与化学结合起来的研究方向。这种交叉学科创造了许多具有世界意义的新成果，这些都反映了科学发展的规律和方向。鲍林顺应科学发展的规律和方向，将物理学与化学结合起来，开创了用量子力学研究化学的新方法，使之成为量子化学这一领域的先驱。

鲍林构建自己的知识结构并选择研究方向，正是充

莱纳斯·卡尔·鲍林
（1901—1994 年）

分利用了系统思维。这种思维从全局着眼，从整体思考问题，从而高屋建瓴地看到事物的相互关联和发展方向，组建起全新的学科领域。

北京时间 1969 年 7 月 21 日，美国阿波罗 11 号载人宇宙飞船按照预定时间在月球表面着陆，这是人类有史以来第一次踏上月球。阿波罗 11 号的发射成功，在很大程度上要归功于系统思维方法的运用。因为阿波罗计划是一项极其庞大而又复杂的系统工程。首先，这次登月飞行的准备工作就构成了一个规模极其庞大的系统，它要组织 120 余所大小科研机构和两万多家工厂企业参加研制，怎样安排所需人力、物力和财力（动员 42 万人，研制生产 700 多万个零部件，耗资达 300 亿美元）本身就构成了一个大系统，只有运用系统思维方法才能达到最佳的技术、经济效果。

中国的一句古话叫做"不谋万世，不足谋一时；不谋全局，不足谋一域。"这句话从另一个角度解释了系统思维的涵义，就是避免单纯的就事论事，头痛医头、脚痛医脚，而要从全局把握，让自己既见树木又见森林；着眼现在，更加要考虑未来；能够权衡眼前得失，更能考虑长远利益。

善于以系统思维去思考的人，往往会在成功的路上走得更远。反观我们的工作和生活，为什么我们经常造成"悔不该当初"的后果。一个很重要的原因就在于我们的思维被束缚在低平台之中，难以超越，从而影响了我们的正确判断，进而发生了我们不愿看到的结果。

分析原因，我们不难发现：为什么我们的视野狭隘，不能很好地把握全局、立足长远呢？原来我们"不识庐山真面目"，是"只缘身在此山中"。因为人在山中，所以就会产生局限和狭隘，就只能看到系统的某一部分，就会产生片面的思想——

正所谓"当局者迷"。而只有让自己"走出去""站得高",以"第三者"的角度来看问题、想问题，就会摆脱很多思维束缚，认清事物的全部，把握整个大系统。

怎样才能"站得高，看得远"呢？通常需要具备以下几点技巧：

(1) 通过整体形势做判断：可以说，处理一件事情，做出形势判断，这是开启看起来纷繁复杂、难以理出头绪的事情的钥匙；而判断包括问题的分类整理，问题的重要性排序，以及问题的着手解决等序列步骤。

(2) 分步处理问题：这样做的目的就是将一个系统的大问题细分，一步一步地进行处理。就好比蚂蚁吃一头大象，要一口一口地吃。

(3) 从需要优先行动的事情做起：当我们面临好几件事情的时候，应先列出需要处理的每一件事情或问题，将各个问题相互分离开来，最后再按轻重缓急确定处理事情的次序，显然是从需要优先行动的事情做起。

◎ 要素间的优化组合

运用系统思维法，不仅要将所面对的事物或问题作为一个整体来对待，而且在系统运作的过程中，还要对系统中的各要素进行优化组合，让适当的要素在最佳位置上发挥最大的作用，这样往往就能产生 1+1>2 的效果。

我国古代著名的"田忌赛马"的故事，就是一个运用系统思维的典型例子。

孙膑是战国时期的著名军事家。齐国大臣田忌喜欢和公子王孙们打赌赛马，但却总是输。于是，孙膑对田忌献策说："下次赛马您只管下重注，我包您一定能赢。"

赛马时，孙膑让田忌用自己的上等马跟别人的中等马比赛，用中等马与别人的下等马比赛，再用下等马对付别人的上等马。结果三场比赛，田忌胜了两场。

孙膑之所以能让田忌稳操胜券，就在于他将整个赛马活动当成了一个系统来处理，而且他善于将系统要素进行优化组合。虽然以下等马和别人的上等马比，非输不可，但是另外的两场比赛，却是每场都赢。就是这种优化组合的系统策略，使田忌在这次赛马中实现了"反败为胜"。

系统要素进行优化组合，在社会生活的各个方面均有体现。

如在农业中，农作物配合栽培方法即是其一。一块田地，什么时间应该种什么作物，玉米、大豆、棉花等不同的作物应该怎样搭配才能获得高产？这就需要用系统思维来解决。

在现代企业中，员工是关乎企业成败的要素，人的分配问题就很有学问。如果企业人员工作分配合理，人尽其才，使每个人发挥出的能量加合在一起，将会推动企业迅速向前发展；但如果人员没有做到优化组合，不能让正确的人去做正确的事，那么，有能力的人因"英雄无用武之地"而离去，身居高位的无能者又无法积极进取，最终，企业必然会败落。

在系统思维中，各要素并不是割裂的独立个体，而是相互链接的一个整体，这些要素可以在最佳的协调机制下处于最理想的工作状态。

美国有一个家庭，丈夫叫鲍里斯，妻子叫贝特茜，他们周末需完成三件家务：①用吸尘器打扫地板，他们只有一个吸尘器，这项活计需要30分钟。②用割草机修整草坪，他们只有一架割草机，这项活计也需要30分钟。③给婴儿喂食和洗澡，这项活计也需要30分钟。

贝特茜和鲍里斯如何合作，才能尽快做完家务？

如果不将各要素作为一个整体来进行优化组合的话，无论由谁单独完成两项任务，需要的时间都是 60 分钟。

然而，如果从系统优化组合的角度来思考，似乎还有更大的协同空间，诀窍是让贝特茜和鲍里斯两人在整个做家务过程中一直工作：让贝特茜先用吸尘器完成一般的地板清扫任务（15 分钟），并让她单独完成照顾婴儿的任务（30 分钟）。同时，鲍里斯开始用割草机修整草坪（30 分钟），接着来清扫地板（15 分钟）——总时间是 45 分钟。

就这么一组家务劳动，通过合理的系统安排，也能大大地节约时间，可想做任何其他事情，合理的要素优化组合，定能帮助你提高工作的效率。

👁 氨合成中的系统思维

利用氮、氢为原料合成氨的工业化生产曾是一个世界性的难题，从第一次实验室研制到工业化投产，经历了大约 150 年的时间。1795 年就有人曾试图在常压下合成氨，后来又有人在不同大气压下分别进行试验，结果都失败了。19 世纪下半叶，法国化学家勒夏特里第一个进行高压合成氨实验，但是由于氮、氢混和气体中夹杂了氧气，结果引发了爆炸，最终使他放弃了这种危险的实验。然而，这些失败和危险却并没有阻挡德国化学家哈伯研究氨合成的步伐，他利用自己在物理化学研究领域的专业优势，经过 10 余年的不懈努力，终于攻克这一世纪性的难题。

我们知道，氨合成的反应为：$N_2(g) + 3H_2(g) \rightleftharpoons 2NH_3(g)$，$\triangle H = -92.2kJ/mol^{-1}$。从该可逆反应可以看出，它的正反应方向是一个气体体积缩小的放热反应。为提高反应的效率，我

弗里茨·哈伯
（1868—1934年）

们可以分别从反应的限度、速度和使用催化剂三个方面来分析它：

从反应的限度分析得知：①加压、降温有利于提高原料转化率；②降低氨的浓度 $c(NH_3)$ 也有利于提高转化率；③根据热力学原理，理想体系的化学反应在定温定压时，反应物的量按计量系数配比产物的平衡浓度最大，所以原料投放 N_2 ： H_2 =1 ： 3 获得氨的量最高。

从反应的速度分析可知：① $c(H_2)$ 对反应速度的影响比较大；② $c(NH_3)$ 的增大使反应速度减慢。因为氨合成的速率方程为 $v = K \cdot c(N_2) \cdot c^{1.5}(H_2) \cdot c^{-1}(NH_3)$，氢气浓度指数大于氮气浓度指数，而氨的浓度为分母，其值越大，速率 v 越小。③升温时速率常数 K 增大，故氨合成的速度加快。

从催化剂对反应的影响来看，催化剂可加快反应速度，必须选择合适的催化剂（铁触媒），但两种原料气在铁触媒表面吸附的能力不同：$H_2 > N_2$。为了达到实际反应按反应物计量系数配比投放的效果，故应该适当提高 N_2 的浓度（分压）。

综合以上分析，我们可将三者影响一致的因素归纳如下：①加压有利于提高反应速度和转化率；②适时分离出氨有利于提高反应速度和转化率。而影响不一致的因素为：① H_2 和 N_2 的相对浓度比；②温度对反应速度与转化率的影响。

在这种情况下，人们必须从系统整体出发来思考问题，既要考虑外因对反应速度与限度影响的一致性，又要考虑外因对反应速度与限度影响的矛盾性；既要遵循化学平衡的理论，又要考虑实际操作的可能。

哈伯在经历了数千次实验后，于 1905 年首创氨的人工合成工艺，人称"哈伯法"，他的具体措施为：①原料投放 N_2：$H_2 = 1 : 2.8$（N_2 略过量）；②增加压强：$10^7 \sim 10^8$ Pa；③控制温度：700K 左右（催化剂活化温度）；④使用催化剂：铁触媒（以铁为主的多成分催化剂）；⑤反应过程中适时分离出氨（循环，提高原料利用率）。

从上述合成工艺可以看出，为了解决升温对氨合成速度和产率影响的矛盾性，采用了"保系统的全局利益以降低系统某部分的功能为代价"的系统思维方法，氨的合成条件选择控温而非加温，让反应体系在催化剂的最佳活化温度范围内运作。

哈伯的设计于 8 年后变成实现，1913 年，一个日产 30 吨的合成氨工厂建成并正式投产，从此氨合成成为化学工业中发展迅速、且十分活跃的一个产业。合成氨的生产不仅开辟了人工固氮的新途径，更重要的是这一生产工艺对整个化学工艺的发展产生了重大影响。尤其是其后化学肥料的问世，合成氨工业解决了全世界几十亿人口的吃饭问题，因此哈伯获得了 1918 年的诺贝尔化学奖。

👁 利用事物间的关联性

一般情况下，事物之间都是普遍联系的，因此，在系统思维的指导下，我们就可以利用事物间的关联性来分析问题和解决问题。

《红楼梦》中冷子兴说到荣、宁二府时，称"贾、史、王、

薛"这四大家庭互有姻亲关系，是一损俱损、一荣俱荣的。书中贾雨村依靠林如海的推荐，最终在贾政的帮助下谋得一个官职，这便是利用人际关系网办事的一个古典范本。

现在，不止人与人之间的关系是互有联系的网络关系，社会上的任何事物几乎都可以找到与其他事物的关联处，并可以用来解决问题。

炒股的朋友都知道，股票的价格是受多方面因素影响的：国家政治格局、经济政策、企业发展、能源占有，等等，而这些因素之间也存在着或多或少的联系。其中一方面出现的一点变动，也许就可以影响甚至决定大盘的走向。所以，在投资时，股民就可以利用这些因素与股价间的关联性进行判断，进而作出"买进"或"卖出"的决定。

下面这个小故事中的老农就利用上下楼层之间的关联性制服了贪婪的地主。

老农向一位地主借了100枚金币，他与家人请来几位朋友一起辛辛苦苦地盖了一座两层的楼房。

老农还没搬进新楼房，地主就企图把楼上那一层弄过来自己住，算是老农拿房子抵债。他对老农说："请把二层让给我住，我借给你的那100枚金币就算是抵消了。不然，请你马上还我钱。"

老农听了地主的话，显出很不情愿的样子，说道："地主老爷，我一时半会儿还不了您的钱，就照您的意思办吧！"

第二天，地主全家喜气洋洋地搬进了新房子的二楼，过了数日，老农请来几位朋友和邻居，大家一齐动手拆一层的房子来。地主听见楼下有声音，跑下来一看，吃惊地叫道："你疯了吗，为什么要拆新盖的房子？"

"这不关你的事，你在家里睡你的觉吧！"老农一边拆墙一边若无其事地说。

"怎么不关我的事呢？我住在二楼，你拆了一楼，二楼不就塌下来了吗？"地主急得直跺脚。

"我拆的是我住的那一层，又没拆你住的那一层，这与你有什么关系呢？请你好好看住你那一层，可别让它塌下来压伤了我和我的朋友。"老农说完，又高高地抡起了铁钎。

"请看在我们多年交情的分儿上，我们可以好好商量商量，请把你的那一层也卖给我好吗？"地主无奈，只好放软口气。

如果你真心实意想买，就请你给我200枚金币。"老农说道。

"你……你……"地主气得说不出话来。

"地主老爷，你不要吞吞吐吐，200枚金币少一个子儿我也不卖，否则我就拆定了。"说着，老农再次高高举起了铁钎。

"别拆，别拆！我买，我买还不行吗！"地主只好拿出200枚金币买下了这一整栋楼房。

老农从这200枚金币中拿出100枚，重新又盖了一栋更漂亮的楼房。

老农的聪明之处就是利用房子楼层之间的关联性，表面上向地主装糊涂，强调一层的独立性，实际上是逼迫地主交楼或交钱。地主本来就背理，也无法驳倒老农的说辞，只得乖乖就范。

用计划来引领自己

爱因斯坦在阿劳州立中学时，就对自己的未来充满了憧憬。他在一次计划中阐明了自己未来的成才目标："如果我有幸通过考试，我将到苏黎世的联邦工业大学学习，在那里我将用4年时间学习数学和物理，我希望自己将来成为一名自然

用计划来引领自己

科学领域的教授，因此我将选择的是其中理论性的学科。"而他制订这样的计划理由是："首先，本人爱好抽象思维和数学思维，缺乏想象力和应对实际的才能。其次，我有这方面的强烈愿望，它将激发我坚持自己的决定，加强我的毅力。这是很自然的，因为一个人总是喜欢去做一些他认为有能力干好的事情。另外，科学工作还有一定的独立性，这一点我也很喜欢。"

第二年，他获得了苏黎世联邦工业大学的入学资格。进入大学后，他学习自己喜爱的物理学，但他没有按部就班，而是大量阅读课外书籍，进行独立思考。他对读书保持着广泛的兴趣。选修的课程什么都有，哲学、瑞士政治制度、歌德作品选读等都在他的选择之列。主修课是物理学和数学。根据制订的计划，他逐渐把注意力转移到理论物理学上来，并对理论物理学的前沿问题投入了最大的精力。1900年，爱因斯坦从苏黎世联邦工业大学顺利毕业，又于1905年获得苏黎世大学哲学博士学位。

爱因斯坦能制订合理的学习计划，与他准确地把握了自己的个性特点和学习兴趣，明了自己的长处和短处来设定目标是分不开的。纵观我们身边那些优秀人士，他们成功的一个共同秘诀就是，做任何事情之前，都会事先制订好计划，做到有条不紊，持之以恒。如果计划不周，或根本就没有计划，那后果将会是灾难性的。

马克·吐温说过："行动的秘诀，在于把那些庞杂或棘手的任务，分割成一个个简单的任务，然后从第一个开始下手。"

计划是为了提供一个整体的行动指南，从确立可行的目标及具体的实施安排。在未做好第一件事情之前，你不应该考虑去做第二件事，这样，你成功的几率会大幅度地提升。

马克·吐温
（1835—1910年）

生命的彩图是由每一天拼凑而成的，我们应该从这样一个角度来看待每一天的生活。在新一天生活来临之际，或是在前一天晚上，把自己如何度过这一天的情形在头脑中浏览一遍，然后再迎接新一天的到来。有了一天的计划，就能将一切注意力都集中在"现在"，而只有将注意力集中在"现在"，那么未来的人生目标就会变得越来越清晰，就能更快地实现制订的目标。接受"现在"并打算"未来"，这个"未来"就是由"现在"的计划所创造出来的。

因此，无论做什么事情，我们都要用计划来引领自己。如果今天没有为未来做好计划，那么未来将无法拥有任何成果。反之，一个人做好了计划，并坚持原则、按计划行事，那么在时间利用上和工作的效率上，你就已经占有优势了。

◎ 将大目标分解成小目标

系统思维虽然告诉我们考察事物应将其视作一个整体，然而在解决具体问题的时候，则可以将一个整体分解为若干个小部分、小的阶段，逐个逐步地去完成。"合"和"分"是系统思维的两个方面，也是一种运用的技巧。

人们常常被某些纷繁复杂问题吓倒，认为解决它几乎是"不可能完成的任务"。但是，你是否曾尝试过将复杂问题分解成简单的小问题呢？

在 1984 年的东京国际马拉松邀请赛中，名不见经传的日本选手山田本一出人意料地夺得了冠军。当记者问他凭什么取得如此惊人的成绩时，山田本一笑了笑："凭智慧战胜对手。"记者当时蒙了，以为山田本一故弄玄虚，哪有马拉松靠智慧而不靠体力和耐力取胜的？

两年后，意大利国际马拉松邀请赛在米兰举行，山田本一代表日本参赛。这一次，他又夺得了冠军。记者再次请他谈谈经验，山田本一沉默了一会儿，还是说了那句话："凭智慧战胜对手。"记者还是迷惑不解，他到底靠的是什么智慧呢？

10 年后，这个谜底终于在他的自传中揭开。他在自传中写道："每次比赛前，我都要乘车把竞赛路线仔细看一遍，并把沿途比较醒目的标志画下来，比如第一个标志是银行，第二个标志是一棵大树，第三个……一直画到赛程终点。比赛开始后，我就以百米冲刺的速度奋力冲向第一个目标，到达第一个目标后，我休整自己，又以同样的速度向第二个目标冲去。几十千米的赛程就这样被我分解成多个小目标轻松地跑完了。其实，起初我并不懂得这样的道理，开始时我总是把目标定在终点线上的那面旗帜上，结果我跑到十几千米处就疲惫不堪了，我被前面那段心中没底的遥远路程吓倒了。"

我们的生活、工作都像是一场场的马拉松比赛，许多困难乍一看遥不可及，但我们若能本着从零开始，从点滴去实现的决心，有效地将问题分解成许多板块，然后分阶段向目标前进，就能大大提升我们攻克难关的信心和解决问题的效率。

"分"是一种大智慧，它不仅能够帮助我们解决心理上的压力，也能帮助我们将难以解决的问题高效率地解决。

拿破仑·希尔曾举过这样一个例子：

同样是做房地产生意，杰克计划向银行贷款大约 12 000 万美元，而罗比则向银行贷款 11 939 万美元。

最后，银行贷款给罗比，而拒绝了杰克的贷款请求。在银行贷款部主任看来，罗比的预算具体且考虑很周到，说明罗比办事仔细认真，成功的希望自然就大。

罗比之所以把预算计划得如此详细，这是与他的工作作风和工作方式分不开的。罗比曾介绍过一种将目标逐一分解的方法，在他的公司里，从公司规划到个人工作目标，都采用这种方法。

这里我们就来介绍一下罗比制订计划的方法：

假设你的工作计划为 5 年，那么，让你的 5 年宏伟目标获得成功的秘诀是化整为零，每天做一点能做到的事情。

(1) 将你的目标分成 5 份：你把 5 年的目标分成 5 份，变成 5 个一年目标，那你就可以确切地知道从现在到明年此刻你必须

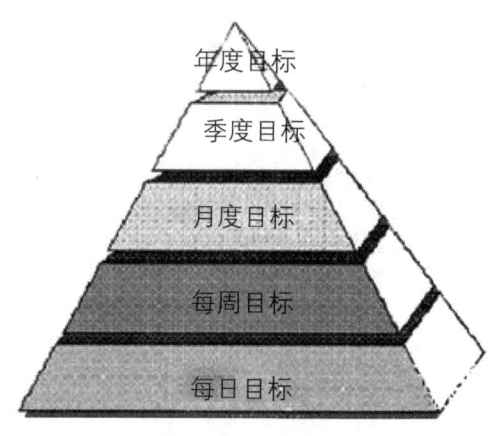

将大目标分解成小目标

完成的工作了。

(2) 将每年的目标分成 12 份，这就进一步有了每月的目标了。如果要落实你的 5 年计划，你现在就更能清楚地了解从现在到下个月的此时你应该完成什么了。

(3) 将每月的目标分成 4 份：现在你可以知道下星期一早上必须着手做什么了。同时，唯有如此，你才会毫不迟疑地去做自己该做的事，然后，继续进行下一步。

(4) 将每周的目标分成 5 ~ 7 份：用哪个数字划分，完全取决于你打算每周以几天从事这项工作。如果喜欢一周工作 7 天，则分成 7 份；如果认为 5 天不错，就分成 5 份。选择哪一种全靠你自己。但是，不论作何种选择，结果都是一成不变的：为了成功，我今天应该和必须做什么？

当你从头到尾采取这种程序后，每天早晨就会胸有成竹地奔向坚定不移的目标，日复一日，年复一年，直至实现你最终的理想。

内容明晰的每周、每月和每年的目标有助于你发挥个人所长，集中精力，全力以赴地完成既定工作，从而获取个人的成功和幸福。同时，分成可行的逐日小目标可以减轻你因为茫然不知所措而产生的烦躁。

如果你对所做的事情不断怀疑，事情往往会做得很糟糕。但是，一旦你知道所做的事正好掌握了最佳时机，你就一定会做得更快、更好，而且有更大的热情和冲劲。

确立 5 年目标，并将它们划分成可以逐日完成的工作还有一个好处，那就是它能帮助你判断自己是否已真正瞄准了既定的目标。

例如：你从事销售，并计划一年内要拜访 500 个新主顾才能达到销售额，那么扣除掉周末和节假日，一年大约有 250

个工作日。也就是说，每个工作日只需拜访两个人（上午、下午各一人）就可以达到目标了。

如果你真的一天拜访两个人，将来有一天，当你发现自己一年竟已拜访了 500 个客户后，可能你会说："我还可以做得更好，等着瞧吧！"或者还有另一种情况，你发现每周 5 天的计划竟然只用 3 天半就完成了。因此，第二个月的月底，就已经在做第四个月的工作计划了。所以，确立逐日的 5 年目标这一做法，消除了成功遥不可及的神秘感，彻底把它化为每天的具体行动。

工作中遇到的困难就是我们要攻克的目标。每个人都会有或多或少的惧难心理，如果感觉问题太大，困难太多，就很容易因畏惧而裹足不前。利用系统思维"分"的方法，将困难划分为一个个小阶段目标，继而有针对性地逐一攻破，那么，再大的困难也都会被我们瓦解了。

现代科学的系统论

系统论是一门研究现实系统或可能系统的一般规律和性质的理论。是研究系统的一般模式、结构和规律的学问，它研究各种系统的共同特征，用数学方法定量地描述其功能，寻求并确立适用于一切系统的原理、原则和数学模型，是具有逻辑和数学性质的一门新兴科学。

在古希腊时期，哲学家们就已经形成了朴素的系统概念，他们认为"系统是有联系的物质和过程的集合"。今天人们通常把系统定义为"由若干要素以一定结构形式联结构成的具有某种功能的有机整体"。这个定义中包括了系统、要素、结构、功能四个概念，表明了要素与要素、要素与系统、系统与环境三方面的关系。

贝塔朗菲
（1901—1972 年）

现代科学的系统论是在 20 世纪 40 年代从生物学、通讯技术和控制论的基础上发展起来的，它尤其表现了与生产力迅猛发展相结合的现代科学整体化趋势。目前系统概念已普遍运用于现代科学的各个领域中，同时现代科学本身也正在成长为一个把我们的科学知识综合起来的体系，从一个新的侧面为证实世界的物质统一性提供了论据。

系统论的核心思想是系统的整体观念。系统论创始人贝塔朗菲强调，任何系统都是一个有机的整体，它不是各个部分的机械组合或简单相加，系统的整体功能是各要素在孤立状态下所没有的性质。他用亚里士多德的"整体大于部分之和"的名言来说明系统的整体性，反对那种认为要素性能好，整体性能一定好，以局部说明整体的机械论的观点。同时认为，系统中各要素不是孤立地存在着，每个要素在系统中都处于一定的位置上，起着特定的作用。要素之间相互关联，构成了一个不可分割的整体。要素是整体中的要素，如果将要素从系统整体中割离出来，它将失去要素的作用。

系统论的基本思想方法，就是把所研究和处理的对象，当作一个系统，分析系统的结构和功能，研究系统、要素、环境三者的相互关系和变动的规律性，并可人为优化系统中的要素组合。世界上一切事物都可以看成是一种系统，整个世界就是系统的集合。

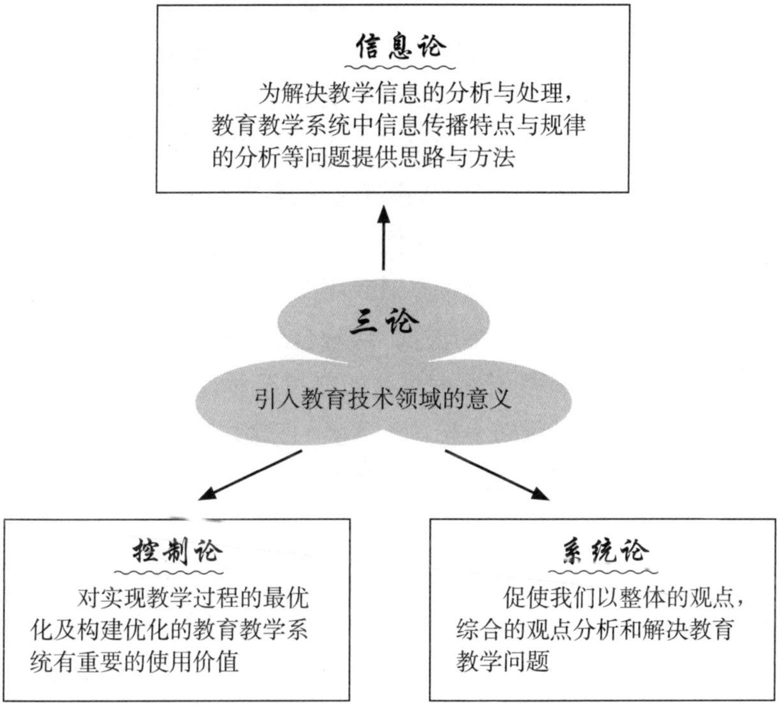

信息论

为解决教学信息的分析与处理，教育教学系统中信息传播特点与规律的分析等问题提供思路与方法

三论

引入教育技术领域的意义

控制论

对实现教学过程的最优化及构建优化的教育教学系统有重要的使用价值

系统论

促使我们以整体的观点，综合的观点分析和解决教育教学问题

现代科学的方法论"三论"

系统论的任务，不仅在于认识系统的特点和规律，更重要的还在于利用这些特点和规律去控制、管理、改造或创造一个系统，使它的存在与发展合乎人的目的需要。也就是说，研究系统的目的在于调整系统结构，直辖各要素的关系，使系统达到最优化的目标。

系统论的出现，使人类的思维方式发生了深刻的变化。以往研究问题，一般是把事物分解成若干部分，抽象出最简单的因素来，然后再以部分的性质去说明复杂事物。这种方法的着眼点在局部或要素，遵循的是单项因果决定论，虽然这是几百

年来在特定范围内行之有效、人们最熟悉的思维方法。但是它不能如实地说明事物的整体性，不能反映事物之间的联系和相互作用，它只适应认识较为简单的事物，而不适合于对复杂问题的研究。在现代科学的整体化和高度综合化的发展趋势下，在人类面临许多规模巨大、关系复杂、参数众多的复杂问题面前，单项因果决定论就显得无能为力了。

也就是说，当传统分析方法束手无策的时候，系统分析方法站在时代的前列，高屋建瓴，综观全局，别开生面地为解决复杂问题提供了有效的思维方式。所以系统论，连同控制论、信息论等其他横断科学一起，为人类的思维开拓了新路，提供了解决问题的新思路和新方法。这些科学作为现代科学的新潮流，促进着各门科学的深入发展。

系统论反映了科学发展的趋势，反映了现代社会化大生产的特点，反映了现代社会生活的复杂性，所以它一经问世，它的理论和方法就得到了广泛的应用。系统论不仅为现代科学的发展提供了理论和方法，而且也为解决现代社会中的政治、经济、军事、科学、文化等方面的各种复杂问题提供了方法论的基础，系统的观念现正渗透到人类科学和社会的每一个领域。

8　辩证思维法

　　人类对辩证思维的认识有一个从自发到自觉的发展过程。人们远在知道什么是辩证法之前，早已辩证地思考问题了，然而那不过是自发的辩证思维。人们只有在掌握了辩证法的规律之后，才算是真正认识了思维的辩证本性，从而实现了自觉地辩证思维。

亦此亦彼的辩证思维

　　辩证思维是指以变化发展的视角去认识事物的思维，通常被认为是与逻辑思维相对立的一种思维方式。在逻辑思维中，事物一般是"非此即彼""非真即假"；而在辩证思维中，事物可以在同一时间里"亦此亦彼""亦真亦假"，然而却并不妨碍思维活动的正常进行。

　　辩证思维是唯物辩证法在思维活动中的运用，唯物辩证法的范畴、观点、规律完全适用于辩证思维。辩证思维是客观辩证法在思维中的具体反映，联系、发展的观点是辩证思维的基本观点；对立统一规律、质量互变规律和否定之否定规律是唯物辩证法的基本规律，也是辩证思维的基本规律。这些规律应用于思维方法中，它就成了对立统一思维法、质量互变思维法和否定之否定思维法。

对立统一的规律是唯物辩证法的核心，它揭示了事物运动、变化、发展的根本原因在于事物内部的矛盾性，事物普遍联系的实质就是事物之间由多方面的对立统一构成的矛盾体系，它体现着事物内部肯定方面与否定方面的相对统一。

质量互变规律揭示了事物因矛盾引起的发展过程和状态，以及发展变化在形式上所具有的特点。事物从量变开始，到质变终结。量变和质变是两个相互依存的过程，通过量的积累产生质的变化。量变是质变的前提，而质变是量变的结果。

事物的发展总是由肯定到否定，再到否定之否定，呈现出周期性的波浪式推进，螺旋式地上升。它们是前进性和曲折性的对立统一，这就是唯物辩证法的否定之否定规律。自然科学的发展同样也遵

——— 辩证思维 ———

概念——以变化发展的视角去认识事物的思维

遵循规律
(1) 对立统一的规律
(2) 质量互变的规律
(3) 否定之否定的规律

基本方法
(1) 归纳与演绎的方法
(2) 分析与综合的方法
(3) 抽象与具体的方法
(4) 逻辑与历史统一的方法

基本观点
(1) 联系的观点：运用普遍联系的观点去考察研究对象
(2) 发展的观点：运用辩证思维的发展观去考察研究对象
(3) 全面的观点：运用全面的观点去考察研究对象

意义——辩证思维是重要的现代科学研究方法

什么是辩证思维

循否定之否定规律。

辩证思维的基本方法包括归纳与演绎、分析与综合、抽象与具体、逻辑与历史的统一。在对感性材料进行思维加工时，必须运用这些基本的思维方法。

归纳与演绎是最初也是最基本的思维方法。在本丛书（上篇）"基本思维方法"中已经提到：归纳是从个别事实中概括出一般原理的方法，演绎是从一般原理推论出个别结论的方法。归纳和演绎的客观基础是事物本身固有的个性和共性的关系。归纳和演绎是辩证统一的，它们是两种方向相反的思维方法——归纳是演绎的基础，作为演绎出发点的一般原理往往是从归纳得来的；演绎是归纳的前提，它为归纳提供理论指导和论证。在实际思维中，归纳和演绎都不能单独揭示事物的本质和规律，必须相互推移、交替使用。

分析与综合是更深刻地把握事物本质的思维方法。分析是在思维中把认识对象分解为不同的组成部分、方面、特性等，对它们分别加以研究，从中找出事物本质的方法；综合是在思维中把分解出来的不同部分、方面按其客观次序、结构组成一个整体，从而达到认识事物整体的方法。分析和综合的客观基础是事物系统与要素之间的关系。分析和综合也是辩证统一的——分析是综合的基础，综合是分析的完成。分析和综合的统一是矛盾分析法在思维领域的具体运用。

抽象和具体是辩证思维的高级形式。抽象是在理性中对客观事物某一方面本质的概括或规定。具体有理性具体（思维具体）和感性具体之分。理性具体不同于感性具体，理性具体是在感性具体的基础上经过思维的分析和综合，达到了对事物多方面属性或本质的把握；感性具体只是感官直接感觉到的具体，是对事物外在现象的把握。由抽象上升到具体的方法，就

是从抽象的逻辑起点经过一系列中介，达到理性具体的过程。由抽象上升到具体，是完成从感性认识到理性认识的飞跃，而不是从理论到实践的飞跃。

由抽象上升到具体的逻辑过程，同客观事物及其认识的历史过程应当符合，也就是逻辑和历史要统一。这里的逻辑，指的是理性思维或抽象思维，它以理论形态反映客观事物的本质或规律。这里的历史，包括两层意思：一是指客观事物的历史发展过程，二是指人类认识的历史发展过程。逻辑和历史同样是辩证和统一的：历史是逻辑的基础，逻辑是历史在理论上的再现，但不是简单的再现历史，而是"修正过"的历史。逻辑和历史的统一是辩证思维的一个根本原则。

因此，学习和应用辩证思维的方法，必须确立以下三个基本观点：

联系的观点：就是运用普遍联系的观点来考察研究对象的一种方法，是从空间上来考察研究对象的横向联系的观点。

发展的观点：就是运用辩证思维的发展观来考察思维对象的一种方法，是从时间上来考察研究对象的过去、现在和将来的纵向发展过程。

全面的观点：就是运用全面的观点去考察思维对象的一种方法，即从整体上全面地考察研究对象的横向联系和纵向发展的过程。换言之，就是对思维对象作多角度、多侧面、全方位的考察。

恩格斯说："一个民族想要站在科学的最高峰，就一刻也不能没有理论思维。"现代科学研究的高度分化和高度综合，使辩证思维与科学研究的相互依赖性更加密切，它主要体现在以下两个方面。

一方面，辩证思维方法是现代科学思维方法论的前提：首先，辩证思维的基本精神渗透在现代科学研究方法之中，广泛作用于现代科学研究，以致离开辩证思维方法，科学研究就寸步难行；其次，辩证思维方法不仅是实现经验知识向科学理论转化的必要工具，而且已成为沟通跨学科研究的必要桥梁；再次，辩证思维方法为科学创新提供了理论支撑和动力，推动科研工作者以动态和发展的眼光去解决科学认识活动中的新问题，并不断地开拓创新。

另一方面，现代科学研究方法及其成果丰富和深化了辩证思维方法，从各个方面充实了辩证思维中的世界图景。现代科学思维以其特有的方式证实和丰富了马克思主义哲学辩证思维的观点，并进一步促使辩证思维方法具体化、精确化。当代科学技术的突飞猛进，使哲学思维和科学思维的相互结合日益重要。

👁 辩证地看待对与错

有一天，苏格拉底遇到一个年轻人正在向众人讲述"美德"。苏格拉底听了半天也没听明白，就向年轻人去请教："请问，究竟什么是美德？"

年轻人不屑地看着苏格拉底说："不偷盗、不欺骗等品德就是美德啊！"

苏格拉底反问："不偷盗就是美德吗？"

年轻人肯定地回答："那当然了，偷盗肯定是一种恶德。"

苏格拉底
（公元前 469 年—公元前 399 年）

苏格拉底不紧不慢地说:"我在军队当过兵,有一次,接受指挥官的命令深夜潜入敌人的营地,把他们的兵力部署图偷了出来。请问,我的这种行为是美德还是恶德?"

年轻人犹豫了一下,辩解道:"偷盗敌人的东西当然是美德,我说的不偷盗是指不偷盗朋友的东西。偷盗朋友的东西就是恶德!"

苏格拉底又问:"还有一次,我一个好朋友遭到了天灾人祸的双重打击,对生活失去了希望,他买了一把尖刀藏在枕头底下,准备在夜里用它结束自己的生命。我知道后,便在傍晚时分悄悄溜进他的卧室,把他的尖刀偷了出来,使他免于一死。请问,我这种行为是美德还是恶德?"

年轻人仔细想了想,觉得这也不是恶德。一时语塞,答不上话来。这时候,年轻人觉得很惭愧,他恭恭敬敬地向苏格拉底请教什么是美德。

苏格拉底对年轻人的反驳运用的就是辩证思维。此时若年轻人回答是美德,那岂不正好和他说的"偷盗朋友的东西就是恶德"相矛盾,这就让年轻人无话可说了。

辩证思维强调矛盾是普遍性,任何事物都是矛盾运动的结果。正因为矛盾的普遍存在,才需要我们以变化、发展的眼光去看待问题。下面的故事中你也许可以体会出矛盾的普遍性,以及辩证思维的奇妙用处。

从前有一个老和尚,在房中无事闲坐着,身后站着一个小和尚。门外有甲、乙两个和尚争论一个问题,双方争执不下。一会儿甲和尚气冲冲地跑进房来,对老和尚说:"师博,我说的这个道理,是应该如此这般的,可是乙却说我说的不对,您看我说的对还是他说的?"老和尚对甲和尚说:"你说得对!"甲和尚很高兴地出去了。过了几分钟,乙和尚气冲冲地跑进房来，他问老和尚说："师傅，刚才甲和我辩论，他的见解根本错误，我是根据佛经上说的，我的意思是如此这般，您说是我说的对呢？还是他说的对？"老和尚说："你说的对！"乙和尚也兴高采烈地出去了。乙和尚走后，站在老和尚身后的小和尚，悄悄地在老和尚耳边说："师傅，他俩争论一个问题，要么就是甲对，要么就是乙对，甲如对，乙就不对；乙对甲就肯定错啦！您怎么可以说两个人都对呢？"老

老和尚对小和尚说："你说得也对！"

和尚掉过头来，对小和尚望了一望说："你说的也对！"

　　故事中的老和尚并非是非不分，而是两位小和尚从不同角度对问题的理解都是正确的。这也说明了我们的生活中许多事物并不只存在一个正确答案，若尝试用辩证思维去思考，往往会看到问题的不同维度，也就会得到许多不同的见解，而不至于因视角不同而产生认识上的偏颇。

👁 事物是对立的统一

　　在生活中，我们找不到两片完全相同的树叶，同样，也不存在绝对的对与错。所有的判断都是以一个参照物为标准的，参照物变化了，结论也就变化了。

著名的寓言作家伊索，年轻时曾经当过奴隶。有一天他的主人要他准备最好的酒菜，来款待一些哲学家。当菜都端上来时，主人发现满桌都是各种动物的舌头，简直就是一个"舌头宴"。客人们议论纷纷，气急败坏的主人将伊索叫了进来问道："我不是叫你准备一桌最好的菜吗？"

只见伊索谦恭有礼地回答："在座的贵客都是知识渊博的哲学家，需要靠着舌头来讲述他们高深的学问。对于他们来说，我实在想不出还有什么比舌头更好的东西了。"

哲学家们听了他的陈述都开怀大笑。第二天，主人又要伊索准备一桌最不好的菜来招待别的客人。宴会开始后，没想到端上来的还是一桌舌头，主人不禁火冒三丈，气冲冲地到厨房质问伊索："你昨天不是说舌头是最好的菜，怎么这会儿又变成了最不好的菜了？"

伊索镇静地回答："祸从口出，舌头会为我们带来不幸，所以它也是最不好的东西。"

一句话让主人哑口无言。

在不同的时间、不同的地点，对不同的对象，最好的可以变成最坏的，最坏的也可以变成最好的，这就是辩证的对立与统一。

还有一个故事，也可以让我们领会到应如何运用对立统一的法则。

海湾战争之后，美军开始装备一种 M1A2 型坦克。这种坦克的防护装甲是当时世界上最坚固的，它可抵抗超过时速 4 500 千米的打击力量，单位破坏力超过 13 500 千克的打击力量。那么，这种品质优异的防护装甲是如何研制成功的呢？

乔治·巴顿中校是美国陆军最优秀的坦克防护装甲专家之一。他接受研制 M1A2 型坦克装甲的任务后，立即拽来了一位"冤家"作为搭档——著名破坏力专家迈克·舒马茨工程师。两人各带一个研究小组开始工作。所不同的是，巴顿所带的研制小组，负责研制防护装甲；舒马茨带的则是破坏小组，专门负责摧毁巴顿研制出来的防护装甲。

舒马茨把坦克炸得稀巴烂，这次加厚了外甲，看他还炸不炸得坏

刚开始，舒马茨总是能轻而易举地把巴顿研制的坦克炸个稀巴烂。但随着时间的推移，巴顿一次次地更换材料，修改设

"破坏"与"反破坏"试验中诞生的 M1A2 型坦克

计方案，终于有一天，舒马茨使尽浑身解数也未能破坏这种新式装甲。于是，世界上最坚固的坦克在这种近乎疯狂的"破坏"与"反破坏"试验后诞生了。巴顿与舒马茨也因此而同时荣膺美国的紫心勋章。

利用"破坏"与"反破坏"的矛盾关系制造坦克装甲的过程，也就是利用辩证思维中的对立统一法则，巧妙处理事物的矛盾的过程。这也是在告诉我们，当事物的一个方面对我们不利时，可以考虑将它的两方面特性统一起来，使其互相补充、互相促进。

人类认识元素的历程

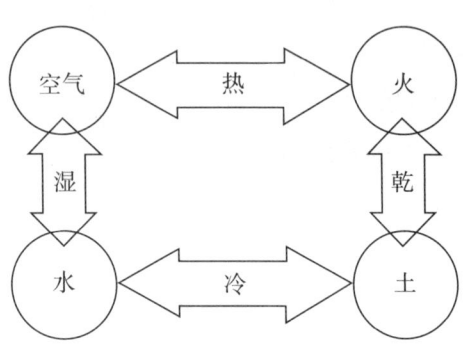

古代的"四元素"说

大自然万物竞发，无限多样，但是组成世界万物的基础——化学元素，却并不是无限多样的，而是有限的百余种。人类对这有限的百余种元素的研究和认识，却经历了一段曲折坎坷的艰辛历程。

我国远在商、周时代就开始研究元素。在战国时代形成了金，木、水、火、土"阴阳五行"说，在古希腊，同样有火、气、水、土"四元素"说。在古印度的孔雀王朝时代，也产生了地、水、风、火"四大元素"说。

古代关于元素的概念，实际是对物质的性质而言的。比如古希腊"四元素"说的含义是：自然界本来存在着热、冷、干、湿四种相互对立的"原性"，由四种"原性"组合，生成火、气、水、土四种元素。显然，这种"原性"元素不是现代科学意义上所指的元素。

正是这种"原性"的元素观念，使得古代的炼丹术士和炼金术士们，把毕生的精力投身于化学作坊，梦想变贱金属为金，或者把铅、汞等物质多次炼制成长生不老的灵丹妙药。在长达一千多年的漫长岁月里，他们狂热追求，却徒劳无功，一事无成。

一直到了 17 世纪 70 年代，英国化学家玻义尔发表《怀疑派化学家》的科学名著，公开向传统的化学观念挑战，否定古代的元素论，提出了科学的化学元素概念。他认为化学元素是用一般化学方法，不能再分解为更简单成分的某些实物，是最原始的物质，或者说是完全纯净的物质。

但是，玻义尔本人并没有发现一个具体的元素，而且仍然把火、气、水看作是元素，甚至把"火微粒"看作是一种实实在在的、具有重量的具体元素。这就给后来的"燃素"说打开了方便之门。"燃素"说是一种本末倒置的燃烧学说，但它是同炼金术理论相对立的，因此在当时对于破除炼金术的迷信，发挥了积极作用。

18世纪下半叶英国化学家普利斯特列等人发现氧气，法国化学家拉瓦锡据此建立了燃烧的氧化理论，证明燃素并不存在，否定了"燃素"学说，这才真正确立了科学的元素论。

既然物质是由元素构成的，那么，元素又是由什么构成的呢？ 1803年，英国化学家道尔顿创立的原子学说，成功地回答了这一问题。

但原子学说认为原子是"不可再分割的最小微粒"，又被其后汤姆生发现电子（1904年）的事实所否定。1911年卢瑟福提出带核原子结构模型，1915年玻尔提出电子分层排布的理论，而现代量子力学的发展，又为化学研究原子结构提供了理论依据和新的方法，人类这才对元素本质有了科学的认识，形成了今天化学元素的概念。

在原子和原子核结构理论的指导下，自20世纪40年代起，人类开始人工合成92号元素铀以后的新元素（超铀元素）。到目前为止，人类已经人工合成出第118号元素。这种人工合成新元素的方法被称为"新炼金术"。不过这是现代科学的新成就，与古代炼金术没有任何关系。

同样的例子还有像元素周期表的演变，以及配位化学中化学键理论的形成等，都是人们一步一步地探索，逐步形成新的认识的。或者说都是由肯定到否定，再到否定之否定，每一次

否定都使研究更加深入，认识更加深化。

由此看来，自然科学的发展也是遵循否定之否定规律的。古代炼金术企图用传统的化学方法由硫、汞、铅等元素单质炼成真金，实践证明这种方法是不可能实现的。20 世纪人们发现用核反应技术有可能实现汞变成真金的梦想，这是对过去"汞不能变成真金"的否定，这种否定不是简单的重复，而是科学向高阶段的发展，是人类认识层次的提高。

◎ 化学中的对立统一规律

任何事物都是矛盾的对立统一体，没有矛盾就没有世界。人们认识世界，就是认识事物的矛盾；人们改造世界，就是解决事物的矛盾。矛盾分析的方法是人们认识世界和改造世界的根本方法，因此对立统一规律是唯物辩证法最根本的规律。

矛盾的对立统一的观点，可以在化学科学研究中找到许多的例子，比如氧化与还原，阴离子与阳离子，得电子与失电子，原子核与电子，等等。其实这里面包含着另一个著名的哲学思想——中庸之道，即不管原子核与电子，阴离子与阳离子，氧化与还原，得电子与失电子，从宏观上看，它们都是中性的，都是守恒的。

再譬如化合与分解，酸性与碱性，溶解与结晶，中和与水解，以及电离与键合等，它们也都是矛盾的对立统一体。从这些化学事实的研究中，可以充分揭示对立统一的规律，使我们学会用矛盾的观点观察一切、分析一切，找出解决矛盾的办法。

矛盾的普遍性的涵义是指矛盾无处不在、无时不在，也就是说，对立统一的规律普遍存在于一切物质、现象和过程之中。我们可以通过物质结构和化学反应的学习，来深刻领会这一思想。

例如，原子是原子核和电子的对立统一体。原子核和核外电子之间相互吸引，这是原子内部的吸引因素；原子内部的排斥作用，有来自原子核外电子之间的静电斥力，有来自电子高速绕核运动产生的离心力。通常原子的稳定状态，就是原子核与核外电子间的吸引与排斥所处的平衡状态。

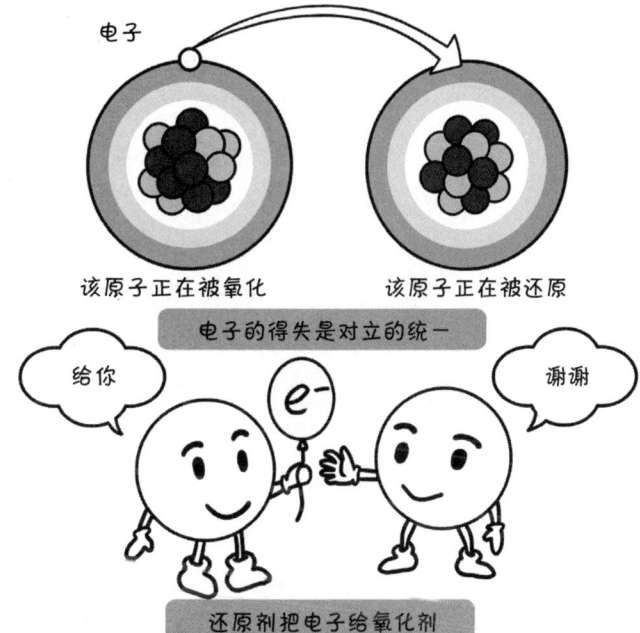

化学中的对立统一规律

分子内也存在着原子间的相互吸引和排斥。共价键是相邻原子间因共用电子而产生相互吸引，但在其形成的过程中也存在着相邻原子核间和电子间的库仑排斥作用，但是吸引作用占有优势，最终形成了共价键；离子键是在不同原子间发生价电子转移产生阴离子和阳离子，阴阳离子由库仑吸引力作用而形成了化学键；离子晶体则是由阴离子、阳离子的交替排列形成的对立统一体，晶体内部吸引和排斥处于相对的平衡态；而金属晶体是靠金属键把金属原子联系在一起的，在金属晶体内部同样存在着原子核间、核外电子间、自由电子与核外电子间的排斥作用，同时也存在着原子核与核外电子间、原子核与自由电子间的吸引作用，当两种相反作用力处于平衡状态时，金属晶体呈现出稳定状态。

在物质的分子间也存在着吸引和排斥的矛盾运动。例如物质状态的转化就是由分子间吸引力和排斥力的相互作用引起

的。分子间主要的排斥作用是来自分子热运动的扩散力（包括分子的平动、转动和振动的所有动能和位能），主要的吸引作用则是范德华力。

在氧化还原反应中，氧化剂得电子，化合价降低，本身被还原，成为还原产物；还原剂失电子，化合价升高，本身被氧化，成为氧化产物。这就是对立中的统一，氧化剂与还原剂是性质对立的两方，但它们又统一在同一个化学反应中，矛盾双方不仅互为存在的条件，而且互为发展的依据。

对立与统一是矛盾双方相互关系的两个方面的不同倾向。对立是指矛盾双方互相排斥、互相反对的倾向，统一则是指矛盾双方互相联系、互相依赖、互相贯通的倾向。在化学反应中，不管化学反应属于哪种类型，化学反应中共同的基本矛盾可概括为吸引（化合）与排斥（分解）的对立统一。因此，化学反应的过程，就是吸引和排斥矛盾相互转化的过程：转化过程的快慢就是化学反应速度，它反映化学反应中吸引和排斥关系转化的剧烈程度；吸引和排斥的相互转化，需要在一定的条件下进行，这就是化学反应的条件。对于所有的化学反应来说，化合和分解是相互依存、同时进行的，它们就构成了物质化学运动形式的特殊矛盾，哪里进行着"原子的化合与化分"（或者分子形成或破坏）的过程，哪里就存在着物质的化学运动形式。化学运动形式就是这一对矛盾不断产生和解决的过程，研究这一矛盾的矛盾运动就成为化学科学的主要任务。

👁 化学中的质量互变规律

质量互变的规律在中学化学教学中有着大量的应用，而在元素周期律（元素周期表）的教学中体现得最为充分。

譬如同周期元素，从左至右每增加一个质子数——数的变

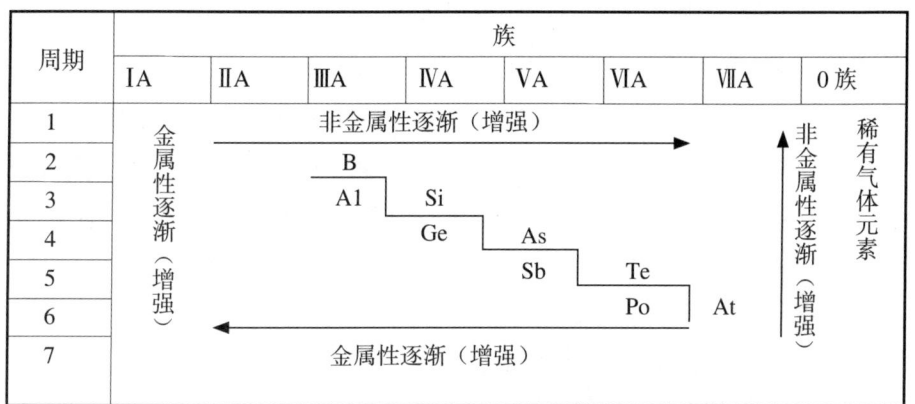

周期表中元素性质的递变体现质量互变的规律

化，便导致质的改变——形成一个新的元素，所有元素的形成无一例外。

再譬如，同周期、同主族元素的性质随原子序数的递增而发生由量到质的变化，以第三周期元素为例：从第 11 号元素钠开始：Na、Mg、Al、Si、P、S、Cl、Ar，到氩终结，元素由典型金属过渡到典型的非金属（氩是稀有气体除外）。表面上看，金属与非金属是相互对立的、截然不同的两类物质，但它们可以通过"量"（质子数）的逐步改变，导致性质发生"质"的变化。Na 和 Mg 是典型的活泼金属，到 Al 和 Si 已开始显现出两性，Si 就是典型的半导体材料，而到 S 和 Cl 也就成为典型的非金属了。因此斯大林曾说："门捷列夫的元素周期律表明，由量变引起质变在自然发展中有多么重要的意义。"

质量互变的规律在化学反应中也得到很好的体现。譬如反应物过量的问题——量对反应产物的影响：CO_2 与 $Ca(OH)_2$ 反应正常情况下生成难溶性 $CaCO_3$，而在 CO_2 过量时则生成可溶性的 $Ca(HCO_3)_2$；H_2S 和 $FeCl_3$ 反应正常时生成 $FeCl_2$ 和单质 S 沉淀，而在 H_2S 过量时则生成 FeS 的黑色沉淀。这些都

是由反应物"量"的变化，导致生成产物发生"质"的改变。类似的反应例子化学变化中是很多的。

物质性质也会因量的变化导致化学性质的改变。譬如物质的氧化还原性会随浓度变化而改变。像浓硝酸具有强氧化性，它与金属反应时，通常被还原成 NO_2，但随着浓度变稀，它可能被还原成 NO 或 N_2O（N 的价态逐步降低），当浓度极稀时，有可能被还原成 NH_3 气（此时 N 的价态降至最低：−3 价）。其他的酸也有可能随浓度的改变导致氧化还原性强弱的改变，像浓硫酸具有强氧化性，而稀硫酸则没有强氧化性；浓盐酸有较强的还原性，稀盐酸则弱得多，等等。

在化学科学中，质量互变的规律几乎普遍存在。在有机化学的研究中，也有大量这样的事例：在烷烃的同系物中，每增加一个 CH_2 原子团，便形成一种新的烷烃，其熔点、沸点、密度等物理性质均发生规律性地变化；其他也有许多同类有机物，它们的物理性质往往也随相对分子质量的变化而改变；另外也有的物质因为某种原子的逐步引入——即原子数的改变，导致化学性质发生急剧的变化，像在 CH_4 分子中逐步引入 Cl 原子，生成物由 CH_3Cl 逐步变为 CH_2Cl_2、$CHCl_3$ 和 CCl_4，产物由气态变为液态，性质也由先前的易燃物变为高效灭火的物质。

还可以列出大量类似的例子，在这里就不一一枚举了。这些化学事例都充分说明，物质的量变和质变是相互联系的：量变是质变的必要准备，质变是量变的必然结果，任何事物都是可以通过量的积累而发生质的改变的。

👁 真理就住在谬误隔壁

西方有一则寓言，故事是这样讲的：

"砰！砰！砰！"一个匆匆而过的路人急切地敲打着一扇神秘的门。

不久门开了。

"你找谁？"门里的人问。

"我找真理。"路人答。

"你找错了，我是谬误。"门里的人"砰"的一声把门关上了。

路人只好继续寻找。

他越过了很多条河流，翻过了很多座高山，风餐露宿，历尽艰难，可就是迟迟找不到真理。后来，他想，既然真理和谬误是一对冤家，那说不定谬误知道真理在哪儿。

于是他重新找到谬误，谬误却说："我也正要找真理呢。"说毕又关上了门。

路人不死心，继续寻找真理，他再一次跋山涉水，再一次风餐露宿，依然找不到真理。

于是，路人又敲开了谬误的门，可谬误仍给他一副冰冷的面孔。

就在路人近乎绝望地在谬误门口徘徊的时候，不断的敲门声吵醒了谬误的邻居。随着"呀"一声轻响，路人回头一看，天哪，这不正是真理吗？

原来，真理就住在谬误的隔壁。

有人说："真理和谬误只有一步之遥。"培根说："只要人接触到真理，就不能不被真理征服。因为真理既是衡量谬误的尺度，又是衡量自身的尺度。"

寻找真理，就要摒弃谬误的干扰。谬误有时就体现在事物的矛盾之中，而我们常常陷于自己的种种臆想而忽略矛盾，也就会一次次地靠近谬误而得不到真理。

"用你的矛刺你的盾结果会怎样呢?"

大家都知道"自相矛盾"的故事,讲的是有个楚国商人在市场上出卖自制的长矛和盾牌。他先把盾牌举起来,一边拍着一边吹嘘说:"我卖的盾牌,再坚固不过了。不管对方使的长矛怎样锋利,也别想刺透我的盾牌!"停了一会儿,他又举起长矛向围观的人们夸耀:"我做的长矛,再锋利不过了。不管对方抵挡的盾牌怎样坚固,我的长矛一刺就透!"围观的人群中有人问道:"如果用你做的长矛来刺你的盾牌,是刺得透还是刺不透呢?"楚国商人涨红着脸,半天答不上话来。

楚国商人的错误就在于他的说法是互相矛盾的,我们在生活中应当善于找出事物中的矛盾,辩别什么东西是可行的,什么东西是不可行的,以利于对矛盾进行规避或加以利用。

"日心说"的创立即是哥白尼分析事物矛盾,摆脱谬误,寻求真理的过程。

在"日心说"诞生之前,由托勒密创建的"地心说"统治着西方人们的思想长达1 000余年。

"地心说"认为地球是宇宙的中心,并认为天分九层,分别是:月球、水星、金星、太阳、火星、木星、土星、恒星与

"最高天"，其中第九层是上帝的居所，这一说法迎合了宗教的观点，更成为了不可冒犯的天条。

哥白尼经过长期的观测，算出太阳的体积大约相当于 161 个地球（实际上比这个数字还大）。他想，这么一个庞然大物，会绕着地球旋转吗？他开始对流传了 1 000 多年的托勒密的"地心说"产生了怀疑。

尼古拉·哥白尼
（1473—1543 年）

哥白尼天天观测着，计算着，于是他终于创立了以太阳为中心的"日心说"。从 1510 年开始，哥白尼动手写作，整整花了 20 多年的时间，终于写成了 6 卷巨著《天体运行论》。

哥白尼之所以有如此重大发现，主要是他善于思考和分析，在人们习以为常的谬误中寻找真理。真理常常与谬误相伴而生，揭示了谬误，意味着向真理的道路上又前进了一步。

👁 偶然中蕴含着必然

太阳的东升西落，地球运行的轨道，潮起潮落，月亮的阴晴圆缺，春夏秋冬的更替，一切都有自身的规律。

任何事情的发生，都有其必然的原因，有因才有果。换句话说，当你看到任何现象的时候，你不要觉得不可理解或者奇怪，因为任何事情的发生都必有其原因。

格德纳是加拿大一家公司的普通职员。一天，他不小心碰翻了一个瓶子，瓶子里装的液

机密文件 + 复印 → 复印件

格德纳发明了防影印纸

体浸湿了桌上一份正待复印的重要文件。

格德纳很着急，心想这下可闯祸了，文件上的字可能看不清了。

他赶紧抓起文件来仔细察看，令他感到奇怪的是，文件上被液体浸染的部分，其字迹依然清晰可见。

当他拿去复印时，又一个意外情况出现了，复印出来的文件，被液体污染后很清晰的那部分，竟变成了一团黑斑，这又使他转喜为忧。

为消除文件上的黑斑，他绞尽脑汁，但一筹莫展。

突然，格德纳的头脑中冒出一个针对"液体"与"黑斑"倒过来想的念头。自从复印机发明以来，人们不是为文件被盗印而大伤脑筋吗？为什么不以这种"液体"为基础，化其不利为有利，研制一种能防止盗印的特殊液体呢？

根据这一想法，格德纳经过长时间的艰苦努力，最终把这种产品研制成功。不过他最后推向市场的不是液体，而是一种深红的防影印纸，但原理却是一样。果然不出所料，这种产品一经推出，市场销路就非常好。

格德纳没有放过一次复印中的偶然事件，由字迹被液体浸染后变清晰，复印出的却是黑斑这一现象，联想到文件保密工作中的防止盗印，由此发明了防影印纸。不得不说他抓住了一个创新的良机。

衣物漂白剂的发明与此有异曲同工之妙，也是源于一次偶然的发现。

吉麦太太洗好衣服后，把拧干的洗涤物放到一边，疲倦地站起来伸伸腰。这时，吉麦先生下意识地挥了一下画笔，突然蓝色颜料竟沾在了洗好的白衬衣上。

他太太一边嘀咕一边重洗。但雪白的衬衣因沾染蓝色颜料，任她怎么洗，仍然带有一点淡蓝色。她无可奈何地只好把它晒干。结果，这件沾染蓝颜料的白衬衣，晒干后竟然更鲜丽，更洁白了。

"呃！这就奇怪啦！沾染颜料竟比以前更洁白了！"

"是呀！的确比以前更白了，真是奇怪！"他太太也感到惊异。

翌日，他故意像昨天一样，在洗好的衣服上沾染了蓝颜料，结果晒干的衬衣还是跟昨天一样，显得异常明亮、洁白。第三天，他又试验了一次，结果仍然一样。

吉麦立刻意识到自己发现了商机，它开始大量采购那种颜料，并称其为"可使洗涤物洁白的药"，然后附上"将这种药少量溶解在洗衣盆洗涤"的使用法进行销售。

新产品通常是不容易推销的，但也许是他具有广告的才能，吉麦的洗白剂竟出乎意料的畅销。凡是使用过的人，看着雪白得几乎发亮的洗涤物，无不啧啧称奇，一致赞许吉麦的"洗白剂"。一时间，这种可使洗涤物洁白的"药"——蓝颜料和水的混合液畅销全国，受到广大家庭主妇们的欢迎。

吉麦发明这种洗白剂出于偶然，但如果能抓住偶然发现的东西，也不亚于一种新发明或新创造。事物总是运动和变化

的，偶然中蕴含着必然，对生活中的偶然现象不能轻易放过，仔细观察，善于思考，灵活应用，也许就能抓住机遇。

👁 塞翁失马，焉知非福

靠近边塞的地方，住着一位老翁。老翁精通术数，善于占卜。有一次，老翁家的一匹马，无缘无故挣脱缰绳，跑入胡人居住的地方去了，也就是跑到国外去了，自己无法抓回。

邻居都来安慰他，但他心中有数，平静地说："这件事难道不是福吗？"几个月后，那匹丢失的马突然又跑回家来了，还领着一匹胡人的骏马一起回来。

邻居们得知，都前来向他家表示祝贺。老翁无动于衷，坦然道："这样的事，难道不是祸吗？"老翁的儿子生性好武，喜欢骑术。有一天，他儿子骑着胡人的骏马到野外练习骑射，烈马脱缰，他儿子摔断了大腿，成了终生残疾。

邻居们听说后，纷纷前来慰问。老人不动声色，淡然道："这件事难道不是福吗？"果然不出一年，胡人侵犯边境，大举入塞。四乡八邻的精壮男子都被征召入伍，拿起武器去参战，死伤不计其数。靠近边塞一带的居民，十室九空，绝大多数的青壮年都在战争中丧生。唯独老翁的儿子因残疾，没有去打仗，因而父子得以保全性命，平平安安过着自己的日子。

老翁能够如此淡然地看待得与失，就在于他始终辩证地看待问题，将辩证思维恰如其分地运用到了生活当中。

其实，真实的生活无处不存在着辩证法，它不会有绝对的好，也不会有绝对的坏。在此处的好到了彼处也许就变成了坏。同理，此处的坏到了彼处也许可以演化为好。就如我们的优势，在特定的环境中可以发挥得淋漓尽致，而脱离了这片土壤，也许会成为自己的包袱。

一个强盗正在追赶一个商人，商人逃进了山洞里。山洞极深也极黑，强盗追了上去，抓住了商人，抢了他的钱，还有他随身带的火把。

山洞如同一座地下迷宫，强盗庆幸自己有一个火把。他借着火把的光在洞中行走，他能看清脚下的石头，周围的石壁，因此他不会跌倒，也不会被石头碰着。但是，他走来走去就是走不出山洞。最终，他精疲力竭被困死在山洞。

强盗因光亮而死去，商人因黑暗而存活

商人失去了一切，他只能在黑暗中摸索行走，十分艰辛，不时碰壁，不时被石头绊倒。但由于他置身于一片黑暗中，他的眼睛能敏锐地发现洞口透进的微光，他迎着这一缕微光，慢慢摸索，最终逃离了山洞。

世间本没有绝对的强与弱，这与环境的优劣、际遇的好坏等都是息息相关的。就像强盗因光亮而死去，商人因黑暗而得以存活，这不正是辩证的完美诠释吗？

有的人总喜欢追求完美，认为完美才能得到快乐和幸福，稍有缺憾，便想方设法去弥补，殊不知残缺也是一种美。

从前，有一个国王，他有七个女儿，这七位美丽的公主是国王的骄傲。她们都拥有一头乌黑亮丽的头发，所以国王送给

她们每人一百个漂亮的发卡。

有一天早上，大公主醒来，像往常地用发卡整理她的秀发，却发现少了一个发卡。于是她偷偷地到了二公主的房里，拿走了一个发卡；二公主发现少了一个发卡，便到三公主房拿走一个发卡；三公主发现少了一个发卡，也偷偷地拿走四公主的一个发卡；四公主如法炮制拿走了五公主的发卡；五公主一样拿走了六公主的发卡；六公主只好拿走七公主的发卡。

于是，七公主的发卡只剩下九十九个。

隔天，邻国英俊的王子忽然来到皇宫，他对国王说："昨天我的百灵鸟叼回了一个发卡，我想这一定是属于公主们的，这真是一种奇妙的缘分，不晓得是哪位公主掉了发卡？"

公主们听到这件事，都在心里说："是我掉的，是我掉的。"可是头上明明完整地别着一百个发卡，所以心里都懊恼得很，却说不出。只有七公主走出来说："我掉了一个发卡。"话未说完，一头漂亮的长发因为少了一个发卡，全部披散下来，王子不由得看呆了。

故事的结局，自然是王子与七公主结为夫妻，从此一起过上了幸福浪漫的生活。

生活中我们总为失去的东西而懊恼，而悔恨，但是，用辩证思维来思量一番，就会发现，一时的失去也许会换得长久的拥有，一丝的缺憾也许会得到更美好的生活。世间万事万物无不如此。